杏鲍菇
工厂化栽培

Factory Cultivation of
Pleurotus eryngii

郑雪平 刘遐 郑炬如 著

U0294234

中国农业出版社
北京

图书在版编目（CIP）数据

杏鲍菇工厂化栽培 / 郑雪平，刘遐，郑烜如著．--北京：中国农业出版社，2025.1. --ISBN 978-7-109-32781-8

Ⅰ．S646.1

中国国家版本馆 CIP 数据核字第 2024ZT5207 号

XINGBAOGU GONGCHANGHUA ZAIPEI

中国农业出版社出版

地址：北京市朝阳区麦子店街18号楼

邮编：100125

责任编辑：郭　科　　孟令洋

版式设计：刘亚宁　　责任校对：吴丽婷　　责任印制：王　宏

印刷：北京缤索印刷有限公司

版次：2025 年 1 月第 1 版

印次：2025 年 1 月北京第 1 次印刷

发行：新华书店北京发行所

开本：880mm×1230mm　1/32

印张：9

字数：250 千字

定价：59.00 元

序

 Preface

　　杏鲍菇原产于地中海等地区，在我国尚未发现野生种质资源。自 20 世纪 90 年代传入中国后，立即引起我国科研界和产业界的极大兴趣，投入了大量的时间和精力研发杏鲍菇的高产、高质栽培技术。目前我国杏鲍菇年产量已达到 200 万 t 以上，占我国食用菌总产量的 5%，在食用菌工厂化栽培品种中产量仅次于金针菇，是我国食用菌产业的重要组成部分。

　　在引进、吸收、研究、探索过程中，一大批有志有为青年一方面对先进的食用菌栽培技术如醉如痴，另一方面又不故步自封，而是在认真学习、仔细揣摩的基础上，消化国外先进技术，吸纳精华，因地制宜，集成再创新，从而打造出具有中国特色的食用菌工厂化栽培新模式、新体系。目前，我国金针菇、杏鲍菇等木腐菌工厂化生产已经实现全世界单产最高、单厂规模最大。郑雪平正是不断提升中国食用菌工厂化栽培技术的万千研发人员的缩影，他始终坚持钻研技术、改良技术、创新技术，始终坚守将个人情怀融汇于产业发展之中，始终坚定发展民族食用菌产业、勇领世界潮流、打造全球产业中心。正是有许多像郑雪平这样的"菇痴"，中国食用菌产业才能够在 40 多年的时间里，通过站在前人的肩膀上，快速发展成为全球最重要的食用菌生产国和最主要的食用菌消费国，使得食用菌能够致富万千菇农、造福广大消费者。

　　这次郑雪平毫无保留地将几十年来在杏鲍菇栽培领域思考的心得、实践的经验、成功的做法、有效的路径总结凝练出来，以书的形式呈现给大家，可以帮助从业者提高管理水平和生产效能，减少或者避免走弯路。这一方面能够降低杏鲍菇新厂建设中的不确定性和盲目性带来的损失；另一方面有助于快速提升我国杏鲍菇产业的整体水平。

　　相信《杏鲍菇工厂化栽培》一书的出版，一定能够助力我国食用菌工厂化生产在迈向现代化进程中跨上新高度，助力世界食用菌产业创新中心向中国转移，助力我国早日建成食用菌强国！

国家食用菌产业技术体系首席科学家

世界食用菌生物学和产品学会主席

2024 年 10 月于上海

目录 Contents

第六章　工厂化的生产装备

第七章　工厂化生产用种

第八章 菌种的扩繁和应用

第九章 生产用培养料

第十章 工厂化的生产作业

第十一章 杏鲍菇的袋式栽培管理

第十二章 杏鲍菇的瓶式栽培管理

第十三章 杏鲍菇的采后处理

第十四章 杏鲍菇病虫害防治

第一章　绪论

　　杏鲍菇原是生长在北半球亚热带草原及干旱沙漠地区的一种大型珍稀美味食用菌。20 世纪经人工驯化成功并从 20 世纪 90 年代起在多个国家开展商业化栽培。令人瞩目的是，在短短 30 多年间，杏鲍菇进入了世界食用菌生产消费量排名靠前的位置，广受国内、国际市场欢迎。其增长之快，是产业发展史上所罕见的。

第一节
杏鲍菇的生物学概念

一、杏鲍菇的分类地位

　　杏鲍菇的中文学名为刺芹侧耳，拉丁学名为 *Pleurotus eryngii* (DC. ex Fr.)Quél.，直接翻译就是长在刺芹植物上的侧耳。杏鲍菇在世界各地有很多别名和商品名，在欧美国家有蚝菇王、皇家喇叭、法国小号、意大利蚝菇、草原白蘑等称谓；在日本有西洋侧耳、香口蘑、白鲍鱼菇、深山白蘑、雪茸等多种俗名；在中国，也有叫干贝菇（台湾）、鸡髀菇的，但最为普遍的叫法是杏仁鲍鱼菇，或简称杏鲍菇。

　　杏鲍菇在生物学分类上属担子菌门（Basidiomycota）层菌纲（Hymenomycets）无隔担子菌亚纲（Homobasidiomycetidae）伞菌目（Agaricales）侧耳科（Pleurotaceae）侧耳属（*Pleurotus*）。

　　欧洲学者最早开展对野生杏鲍菇分类遗传方面的研究。1815年瑞士植物学家奥古斯丁·彼拉姆斯·德·堪多（Augustin Pyrame de Candolle）将其归类于蘑菇属（*Agaricus*），并以其宿主刺芹（*eryngii*）作为种名，命名为 *Agaricus eryngii*。1821年瑞典植物和真菌学家埃利亚斯·马格努斯·弗里斯（Elias Magnus Fries）根据意大利的俗称将其命名为 *Agaricus cardarella*。直到1872年，法国真菌学家吕西安·奎耐（Lucien Quélet）认为应将杏鲍菇划归于侧耳属（*Pleurotus*）更为准确，并恢复采用原有的拉丁文种名（*eryngii*），定名为 *Pleurotus eryngii* (DC. ex Fr.)Quél.。之后被广泛接受，沿用至今。

近半个多世纪以来，科学工作者们先后又在地中海及欧洲和亚洲部分地区的野外生物资源调查中，发现了数量众多的着生于伞形花科多属种植物之上的侧耳属野生种群。其分布范围为北纬30°～50°，从大西洋沿地中海盆地经中西亚，至印度和我国西北新疆地区。在未及细分界定的情况下，学者们按照传统分类方法，将它们统称为刺芹侧耳复合群（Pleurotus eryngii species-complex）。事实上这是一个庞大的种族群，它们不但宿主广泛，而且生存的生态条件差异很大，其内部在形态、生理生化和遗传特征等方面都具有复杂的多样性。至今为止的研究已经清晰地表明，该种族群至少包含 10 个不同的遗传群体，其中包括杏鲍菇及其近缘的阿魏菇、白灵菇等。

杏鲍菇是刺芹侧耳种族群中最为常见的一个类群，野生种子实体常在秋季至晚冬发生于伞形科（Apiaceae）刺芹属（Eryngium）、没药芹属（Opopanax）、前胡属（Peucedanum）、槽穴芹属（Smyrniopsis）以及野香芹属（Kelussia）等植物茎的下部和根部，为木腐生兼性弱寄生型菌类。

杏鲍菇属于食线虫担子菌，其营养菌丝上长有一个个凸起的匙状分泌细胞，顶端会分泌一种毒液微滴，能将线虫麻痹击倒。菌丝随即从线虫的口孔或表皮角质层侵入，很快就全部占满线虫体腔，最终将其完全消解吸收利用。这种现象发生的原因，主要是杏鲍菇摄食对象的营养偏差——宿主植物存在碳源营养丰富而氮源营养匮乏的问题，为了满足自身生长发育的营养需求，杏鲍菇会选择从其他生命形式那里获取必要的氮源营养补充。这也是菌物为适应环境长期进化的一种表现。

二、杏鲍菇的自然分布

自然界杏鲍菇的野生种群分布范围广泛，主要包括环地中海沿岸地区、欧洲中部地区和亚洲的中西部地区。西班牙、法国、意大利、希腊、德国、奥地利、荷兰、匈牙利、以色列、美国、土耳其等国家都有其分布报道。虽然有文献记载我国西北部地区可能有野生杏鲍菇分布，但是到目前为止，仍未有实地采获该种质资源的记录。

　　尽管目前对杏鲍菇所属物种的进化关系研究还不甚清楚，许多分类学问题仍有争议，但可以确定的是杏鲍菇在自然界存在着多种地理分布式样和原始生态型，不同种群之间的基因结构和遗传表型也存在很大差别，并且同一种群内的不同分离物 RAPD（随机扩增多态性 DNA）分析也会表现出丰富的多态性。Zervakis 等（2001）对 15 个地中海地区分布的野生杏鲍菇进行同工酶分析，研究结果显示，多态性位点比率达100%，平均多样性指数为 0.261，揭示野生杏鲍菇种内存在高水平的遗传变异。Urbanelli 等（2003）利用等位酶和微卫星 M13 对来自意大利 6个采集点的 123 个杏鲍菇菌株进行遗传多样性分析，结果表明杏鲍菇基因多样性指数为 0.211，居群间的基因变化系数 G_{st} 为 0.10，揭示杏鲍菇种质资源遗传多样性丰富，大部分遗传变异都源自居群内部，居群间不具有显著的遗传分化。

三、杏鲍菇的形态特征

　　杏鲍菇为大中型伞菌（图 1-1），子实体单生、丛生和群生。菇盖幼时深灰色，后灰色、灰棕色或土黄色；初期盖缘内卷呈半球形，后渐变平，成熟后平展或边缘上翘，中央浅凹至漏斗形。菇盖直径 4 ~ 15cm，光滑或粗糙；菌肉白色；菇柄长 6 ~ 15cm，中生、偏生或侧生，粗

图 1-1　野生杏鲍菇

4～6cm，一般呈柱状或保龄球状，上端较细；菌褶向下延生，密集，略宽，乳白色，边缘和两侧平滑，有短菌褶；菌褶表面每个担子上着生4个担孢子，担孢子近纺锤形，大小为 (9.1～13.5) μm× (4.6～6.7) μm，孢子印白色或浅黄色；菌丝白色，棉絮状，为单一型，具有明显的锁状联合。

第二节
杏鲍菇的经济价值

一、杏鲍菇的食用价值

杏鲍菇在中国因"香味浓郁似杏仁，口感弹牙如鲍鱼"而得名，在西方也有"草原上的牛肝菌"的美称。其菌柄洁白，菌肉肥厚，质地脆嫩，味道鲜美，既可单独做菜，也可与其他蔬菜、肉食搭配。既适合中国菜式的炒、烧、烩、炖、汤、涮，也胜任日韩料理的煎炸炭烤和西餐烹饪的酱汁调味，滋味口感都非常好，因而很快在国际范围内被大众消费者所接受。随着人工栽培在国际范围内普及传播，目前杏鲍菇已成为全世界食用菌消费量排位靠前并且增长最快的一个菇种。

杏鲍菇的营养价值很高，对人类的身体健康十分有益，是著名"地中海饮食"中的重要食材。据测定，杏鲍菇每100g鲜品含水分89.6g、粗蛋白1.3g、不溶性膳食纤维2.1g、糖类6.2g、脂肪0.1g、叶酸42.8μg、烟酸3.68mg、泛酸1.44mg、维生素E 0.60mg、维生素B_1 0.03mg、维生素B_2 0.14mg、维生素B_6 0.03mg，另外还含有钾、磷、镁、钙、铁、钠等矿质元素（表1-1）。

表1-1　杏鲍菇营养成分含量

成　分	测定值	成　分	测定值
水分	89.6g	泛酸	1.44mg
灰分	0.7g	钙	13mg
粗蛋白	1.3g	铁	0.5mg
脂肪	0.1g	锌	0.39mg
不溶性膳食纤维	2.1g	钠	3.5mg
糖类	6.2g	钾	242mg
维生素E	0.60mg	镁	9mg
维生素B$_1$	0.03mg	铜	0.06mg
维生素B$_2$	0.14mg	磷	66mg
维生素B$_6$	0.03mg	锰	0.04mg
叶酸	42.8μg	硒	1.8μg
烟酸	3.68mg		

数据来源：胡清秀，2006，杏鲍菇栽培。
注：表中数值为每100g杏鲍菇鲜品的含量。

杏鲍菇的蛋白质为优质的菌物蛋白，富含18种氨基酸，包括人体必需的8种氨基酸，而且构成比例与人体的营养需求非常接近。据测定：杏鲍菇中氨基酸总量为140.8g/kg，其中必需氨基酸含量占氨基酸总量的40.62%，与FAO/WHO（联合国粮食及农业组织／世界卫生组织）提出的理想蛋白质必需氨基酸应达总量40%左右的标准十分吻合。甜味氨基酸（丝氨酸、甘氨酸、丙氨酸）占氨基酸总量的19.39%，鲜味氨基酸（谷氨酸、天冬氨酸）占24.6%。

杏鲍菇属于低热量食品。每100g新鲜杏鲍菇所含的热量仅为75.35kJ，而米饭为703.22kJ，面包为105.06kJ，马铃薯为309.75kJ，苹果为238.59kJ。因此日本有关方面向大众建议，成年居民每天吃120g杏鲍菇，是减肥瘦身、保持正常健康体重的一个良好选择。

杏鲍菇的糖类成分主要是海藻糖和甘露醇。海藻糖在科学界素有"生命之糖"的美誉，它是由两个葡萄糖分子以1,1-糖苷键构成的非还原性糖，对多种生物活性物质具有非特异性保护作用。在高温、高寒、高渗透压及干燥失水等恶劣环境条件下，海藻糖在细胞表面能形成独特的保护膜，有效保护蛋白质分子不变性失活，从而维持生命体的生命过程和生物特征。国际权威的《自然》杂志曾在 2000 年 7 月发表了对海藻糖进行评价的专文，文中指出："对许多生命体而言，海藻糖的有与无，意味着生命或者死亡。"甘露醇是一种低热量甜味剂，其甜度约是蔗糖的60%，但热量仅为葡萄糖的 50%。它是重要的糖质营养素，在人体组织和体液中广泛分布，参与免疫调节，强化吞噬细胞。

杏鲍菇含有丰富的膳食纤维，包括可溶性膳食纤维和不溶性膳食纤维两种。可溶性膳食纤维在人体肠道内呈凝胶状，能抑制人体对食物中脂肪的吸收，促进胆固醇的排出，减少脂肪肝的发生。而不溶性膳食纤维则有利于改善肠道环境，刺激肠道蠕动，将积存在肠道内的残渣废物清理排出体外，防止便秘。

杏鲍菇还含有丰富的 B 族维生素。维生素 B_1 以辅酶形式参与糖的分解代谢，有保护神经系统的作用；维生素 B_2 可以促进糖代谢，促进发育和细胞再生，促进皮肤、头发、指甲的生长；维生素 B_3（烟酸）能扩张血管，改善血液循环，预防和缓解严重的偏头痛；维生素 B_5（泛酸）能参与体内能量制造，控制脂肪的新陈代谢，增强抗体功能；维生素 B_6 能促进蛋白质的代谢，辅助治疗动脉硬化、神经障碍等；维生素 B_9（叶酸）是备孕和妊娠妇女必不可少的营养素，对于胎儿脑细胞的发育有着重要影响。

杏鲍菇中的钾元素含量是各种食用菌中最高的。钾是人体生长必需的营养素。其主要作用是维持神经、肌肉的正常功能，与钠元素共同维持体液平衡，排出人体摄入的过多盐分，降低血压，防止中风。

杏鲍菇中还有一些重要的非蛋白质氨基酸，如 γ-氨基丁酸(GABA)和鸟氨酸。γ-氨基丁酸是一种重要的神经递质，可以抑制中枢神经系统过度兴奋，放松和消除神经的紧张焦虑，改善睡眠。鸟氨酸在消除疲劳、强健肌肉方面起重要作用。

二、杏鲍菇的药用价值

杏鲍菇富含麦角硫因。这是一种特别的抗氧化生物活性物质，具有清除人体内自由基、延缓细胞衰老的功能，被人们称为"长寿氨基酸"。还需要指出的是麦角硫因不会因为烹饪加热而损失，人们可以放心地享用美味的熟蘑菇。

杏鲍菇还含有天然的洛伐他汀成分。这是一种有助于清除血液循环系统中胆固醇的化合物。对于高脂血症和动脉粥样硬化患者有着很好的疗效。试验证明，用含有 5% 杏鲍菇子实体粉末的食物饲喂高脂血症大鼠，血清中的总胆固醇（TC）、甘油三酯（TG）、高密度脂蛋白胆固醇（HDL-C）、低密度脂蛋白胆固醇（LDL-C）、极低密度脂蛋白胆固醇（VLDL-C）、总脂质（TL）、磷脂（PL）分别比对照降低了 24.05%、46.33%、10.90%、62.50%、19.79%、24.63% 和 19.22%。同时，杏鲍菇还显著降低了高脂血症大鼠的体重。

杏鲍菇含有丰富的真菌多糖，主要是以 β-1,3-糖苷键为主链，以 β-1,6-糖苷键为支链的葡聚糖。作为一种特殊的免疫调节剂，杏鲍菇多糖在激活 T 淋巴细胞中具有强烈的宿主介导性，能刺激抗体形成，增强人体免疫力，发挥抗癌、抗肿瘤、降血脂的作用；杏鲍菇多糖对自由基引起的脂质过氧化均有一定的抑制作用。Chen 等（2014）从杏鲍菇中发现了 2 种新多糖 EP 和 EP1，这两种多糖对巨噬细胞脂肪堆积形成的泡沫细胞具有显著的抑制效果。杏鲍菇多糖有降血糖作用，能够降低糖尿病小鼠的血糖含量，使实验小鼠葡萄糖耐受量及耐受量曲线得到明显改善，还能减少糖尿病小鼠的饮水量。杏鲍菇多糖还能增强机体免疫功能，具有抗病毒、抗肿瘤作用，且能降低机体胆固醇含量，降血脂、防止动脉硬化。

杏鲍菇多糖还有调节 T 细胞活性，促进细胞因子生成，减少炎症细胞、肥大细胞浸润，减轻过敏性皮炎，抑制幽门螺杆菌、大肠杆菌、金黄色葡萄球菌、单核细胞增生李斯特菌生长，抗病毒感染（如流感病毒

H1N1、单纯性疱疹病毒 HSV-2）等多种活性。

三、杏鲍菇的其他功用

　　杏鲍菇的木质素酶系统对芳香族化合物和工业染料有着很强的生物降解能力，可以在土壤环境修复和工业污水治理方面发挥很大作用。人们利用筛选出的杏鲍菇产漆酶高效菌株对印染废水进行处理，其对常用染料龙胆紫、酸性铬蓝 K、溴酚蓝的脱色率分别可达到 63.8%、76.9% 和 69.1%，还可以用于造纸行业的生物制浆和生物漂白。

　　利用杏鲍菇天生具备的捕杀线虫特点，研发生物杀线虫制剂在防治植物线虫方面有着很好的前景。试验表明采用杏鲍菇发酵液防治番茄根结线虫，在自然土中对根结线虫二龄幼虫的校正致死率 25d 时达到 73.5%，室内栽培试验防效达 95.5%。

　　茹瑞红等（2014）选择施用杏鲍菇菌渣降解消除土壤中的酚酸类物质，从而有效地缓解了中药地黄栽培中的连作障碍问题，使重茬地黄冠幅、叶片数量、叶长、叶宽和株高等指标接近头茬地黄水平，使重茬地黄块根的鲜重和干重分别提高 2.70 倍和 3.66 倍。

　　日本理化学研究所小林脂质生物学研究室的研究人员从杏鲍菇中发现了一种能够与非洲昏睡病病原体脂质结合的蛋白质，从而为诊断和治疗该病提供了一种新的可能性。

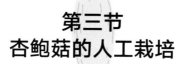

第三节
杏鲍菇的人工栽培

　　杏鲍菇是近几十年来新发现并引种驯化成功的一个珍稀食用菇种，它的人工栽培历史虽然很短，但发展速度却很惊人。

一、欧洲学者的开拓尝试

欧洲学者在 20 世纪 50 年代起开始了杏鲍菇的人工驯化，1956 年，Calleux 首先对杏鲍菇子实体的发生条件发表了研究报告；1958 年，Kalmar 利用获得的培养菌株，第一次进行了栽培试验，虽未获多大成功，但却证明了可以利用伞形科的植物作为杏鲍菇的栽培原料；1970 年，Henda 在印度北部的克什米尔高山上发现杏鲍菇，并首次进行了段木栽培研究；1974 年，法国首次用孢子分离得到杏鲍菇的培养菌株；同年，Calleux 用菌褶分离得到杏鲍菇的菌株，并在温度为 12 ~ 16℃，光照度为 275lx 的条件下栽培成功；1977 年，意大利的 Ferri 首先进行商业性栽培，获得有限成功。在这些栽培研究中，采用的都是"自然栽培法"，一种是户外的段木栽培，用种木种接种，但所获产量很低；另一种是户外的草木下脚料栽培，如有的利用麦秆作为原料，但栽培极不稳定，有的采用消毒过的木屑或谷草栽培，产量偏低，每 5kg 木屑、麦麸制成的培养料，只产出 1kg 子实体，生物学效率仅为 20%。

二、亚洲业界的成功突破

杏鲍菇人工栽培发端于欧洲，而真正实现大规模商业化生产却是在亚洲，尤其是中国、日本、韩国 3 个国家的农业科技人员为此做出了卓越贡献。20 世纪 90 年代初，我国台湾省农业试验所彭金腾教授等科技人员率先将杏鲍菇栽培列为重点课题，开展杏鲍菇生物学特性、配方营养、环境控制、生产工艺以及栽培模式等方面的系列研究，并引进金针菇瓶栽设备开展自动化栽培试验，为工厂化生产积累了宝贵经验。他们还收集引进了欧洲等多个地区的种质资源，采用多孢杂交方法，选育出了多个优良菌株。这一系列的研究成果引发了国内外同行的高度关注。我国其他省份及日本、韩国的专家学者通过多渠道的业界交流，也相继展开了对杏鲍菇栽培的研究工作。从而在东亚地区掀起了一股杏鲍菇热。

日本：1982 年日本出版的《蘑菇词典》，在"值得注意的平菇近缘种"栏目中，对这种"在意大利被称为卡德蕾拉的有名食用菌"进行了介绍。1993 年，日本从我国台湾引进杏鲍菇菌株进行驯化改良，爱知县林业中心利用金针菇的瓶栽设施设备，进行了实用栽培试验。这项试验成果在业内报道后，随即引发了各方的热切关注。各地区、各商社以及大学、研究单位都纷纷加入这一新产品开发行列。到 1996 年，日本已有 18 个县组织开展杏鲍菇生产。在广泛实践和深入探索的基础上，主流化的瓶栽模式和工艺技术逐步稳定成熟，一批性状优良、适合大规模生产应用的专用菌株也陆续被研发选育出来，从而有力地促进了日本国内的杏鲍菇生产发展。2008 年，日本杏鲍菇产量猛增到 38 214t，比 1996 年的 1 910t 增长了 19 倍，在所有人工栽培食用菌中排名第五，成为那个阶段生产量和消费量增长最快的品种。以后日本国内的杏鲍菇产量逐步趋于稳定，2021年产量为 3.83 万 t，占日本食用菌总产量（46.2 万 t）的 8.3%。

韩国：杏鲍菇栽培从 1995 年开始，在小规模试种摸索的基础上，1998 年韩国农业振兴厅农业科学研究院育成杏鲍菇 1 号菌株并向业内推广，从事杏鲍菇生产的企业数量迅速扩大，工厂化栽培也开始起步。各地农协、科研单位和有关生产企业密切合作，在栽培模式、生产装备和工艺技术方面进行了一系列有益探索，尤其在应用高效自动化设备和液体菌种技术方面处于领先。2005 年，韩国杏鲍菇产量达到 4.3 万 t，一举超过金针菇、香菇等传统大宗产品，跃升到仅次于平菇的第二位置。

中国：我国的杏鲍菇生产发展更是取得了世界瞩目的骄人业绩。1993 年，香港首届国际真菌生物技术会议上，福建省三明市真菌研究所从台湾省农业试验所彭金腾教授处引进了出自欧洲的杏鲍菇菌株，并收集分离了来自世界各地的 10 个菌株资源，组织开展了对杏鲍菇生物学特性和栽培技术的研究。该所先后在全国性刊物上发表了多篇研究性文章，起到了很好的引领作用。1997 年，三明市真菌研究所与福建省农业科学院植物保护研究所合作，建立了杏鲍菇生产基地；1999 年，按季生产的杏鲍菇栽培技术开始向全国推广，起到了很大的促进作用，与此同时，处于经济较发达的我国南部省份的一批研究人员和栽培爱好者从中嗅到了商机，也开始着手进行各种工厂化的栽培试验，可谓是"八仙过海，各显其能"。结果很快显现：广东、上海、福建、江西等地先后诞生了若干能实现连续规模化量产的作业模式。由此我国的杏鲍菇工厂化生产开始起步，并逐步形成了以自研创立的袋式栽培和引进模仿的瓶式栽培两种形式相互补充并行发展的格局，从而促进了生产力的极大发展。我国杏鲍菇总产量 2001 年仅为 2.1 万 t，2021 年提高到了 205 万 t；20 年来产量增加了 96 倍。2021 年，杏鲍菇总产量占全国食用菌总产量（4 134 万 t）的 5.0%，在食用菌种类中排名第六；杏鲍菇工厂化栽培总产量占全国食用菌工厂化栽培总产量的 23.82%，在工厂化食用菌生产种类中排名第二。2021 年日产百吨的杏鲍菇企业达到 6 家。

三、世界范围的生产扩展

　　杏鲍菇以其鲜美诱人的风味、嫩滑爽脆的口感、耐储运的特性以及较长的货架期等诸多优点，很快受到各国栽培者和生产企业的高度重视，成为近 30 年来，生产量增长幅度最大的一个食用菌品种。亚洲除中国、日本、韩国外，泰国、马来西亚、越南、孟加拉国、伊朗、朝鲜等国家也都建有生产农场。在许多长期习惯双孢蘑菇单一品种消费的欧美国家，杏鲍菇的生产需求量也迅速扩大。在欧洲，意大利除一些传统地区仍然保持着相当数量的野生杏鲍菇的采摘交易外，人工栽培的数量也大有发展，产量达到 1.5 万 t/ 年。英国、德国、西班牙国内也都建有杏鲍菇的栽培农场。美国从 2000 年开始引进杏鲍菇栽培，并且从亚洲大量进口补充市场需求的不足。另外巴西、澳大利亚、南非等国家也有一定量的生产。

　　随着各国生产量和国际贸易量的快速增长，杏鲍菇也在世界范围内被更多的市场消费者所认识和认可，尽管各个国家和地区对其菇型要求和质量标准各有不同。在意大利，细小的菇柄和深色的菌盖是最受欢迎的；西班牙消费者则更喜欢较淡颜色的菌盖；中国市场上较为流行的菇型是有粗柄和小盖（φ4.0～6.0cm）；日本和韩国则以短柄和大盖（φ5.0～10.0cm）为最佳。

第二章 杏鲍菇的生物学基础

　　菇类的生长发育受到内部和外部双重因素影响。内部因素是菇类自身的生理机能，这是由种性特征和遗传性质所决定的；外部因素是其所处的环境条件，包括营养环境、气候环境、生物因子、时间因子等。只有当内部因素和外部因素相协调时，菇类才能正常地生长发育并获得人们所期待的优质高产，因此了解和掌握菇类的生理特点和生态习性是非常必要的。

第一节
杏鲍菇的营养生理

营养和生长是密切相关的。营养是生长的基础，生长是营养的一种表现形式。杏鲍菇和所有食用菌一样没有叶绿素，不能进行光合作用，只能从培养基质中吸收营养，这与植物获取营养的方式截然不同。研究这种特殊的营养机制，对于实际生产有着重要意义。

一、基质消化

杏鲍菇能利用许多种基质。菌丝能够直接吸收一些小分子的营养物质，如单糖和氨基酸等，而对于许多不溶性大分子多聚物，如木质纤维素、淀粉、蛋白质等，在它们被利用之前必须经过一个初步的消化过程。

对于各种大分子多聚物，杏鲍菇会针对性地分泌不同的胞外酶去降解消化，使它们变为可供吸收的小分子物质。这些胞外酶大都是消化酶而且具有专一性，只能降解那些需要的大分子营养物质。例如，纤维素、半纤维素是基质中最主要的营养物质，菌丝通过分泌纤维素酶和半纤维素酶来降解它们。纤维素酶是内切葡聚糖酶(GE)、外切葡聚糖酶(CBH)和 β - 葡萄糖苷酶（BG）3 种酶组成的复合酶。首先由内切葡聚糖酶随机作用于天然纤维素长链的薄弱点，将其切割成短链，产生许多可反应的链端，然后由外切葡聚糖酶从这些短链的非还原端切下纤维二糖，最后由 β - 葡萄糖苷酶水解纤维二糖成为能被细胞吸收的葡萄糖。半纤维素是一种由多种糖基构成的杂聚多糖，而分解半纤维素的酶，主要是木聚糖酶、葡聚糖酶、甘露聚糖酶等复合酶类，它们经过协同作用，把半纤维素降解为小分子多糖或者单糖供菌丝吸收。木质素也是重要的营养物质，负责降解它的是漆酶和多酚氧化酶，漆酶能加速木质素芳香族化合物的降解，多酚氧化酶也是一种木质素降解的催化剂，能加速木质素被降解为酚类物质，进而被氧化成醌类物质，最后形成黑色物质而可直接被吸收。对于基质中所含的大量淀粉，菌丝分泌的淀粉酶可将其降解为低聚糖而便于吸收。

多聚物的消化是一个逐步进行的过程，每个阶段会涉及不同的酶，它们之间有协同，也有接力。如杏鲍菇在生长前期（菌丝营养生长阶段）会分泌漆酶（laccase）和锰过氧化物酶（manganese peroxidase）来脱除原料组织中的木质素包裹，为后期纤维素、半纤维素的降解提供极为有利的条件；在纤维素、半纤维素的降解过程中需要一系列的酶解糖化反应，最终将其分解为小分子的可溶性糖。

二、营养吸收

进入菌丝细胞的所有离子和分子必须通过细胞壁和细胞质膜。细胞壁本身是多孔的，一般情况下允许离子和分子通过。细胞质膜是一种半透性膜，自身可以调节溶质运输到细胞中。真菌营养物质进入细胞有 3 种基本方式：

1. **简单扩散**　利用细胞内外溶液的浓度差，溶质通过细胞膜上的含水小孔从浓度高的膜外扩散到浓度低的膜内。当膜内外的浓度差相等时，扩散即停止，但因膜内的营养物质被不断消耗而使膜内外始终存在浓度差。简单扩散无须消耗能量，没有载体蛋白参与，不能选择必需的营养物质，扩散速度慢。简单扩散只限于小分子的物质（由膜上的含水小孔的大小决定），如水和溶于水的 CO_2、O_2。

2. **促进扩散**　同样利用细胞内外的溶液浓度差，从浓度高的膜外扩散到浓度低的膜内。但与简单扩散的不同之处在于溶质的转运需要细胞膜上的载体蛋白参与。在膜外，载体蛋白与溶质的亲和力高，其通过与溶质的相互作用而结合，进入细胞后，由于载体蛋白的构型发生改变，使得亲和力降低，从而释放溶质。载体蛋白有高度特异性，每种载体蛋白只运输相应的物质。大多数的载体蛋白为诱导酶，只有外界存在机体生长所需某种营养物质时，运输此物质的诱导酶才合成。同样，促进扩散不需要代谢能量。通过此方法运输的营养物质主要有氨基酸、单糖、维生素、无机盐。

3. 主动运输　主动运输是物质从低浓度区移向高浓度区的运输方式。需要载体蛋白参与，通过载体蛋白构型变化结合或释放营养物质，与促进扩散不同的是此构型变化需要消耗能量。主动运输是菌类吸收营养物质的主要方式，吸收的物质有糖类（乳糖等）、氨基酸、核苷、钾离子。

三、酶诱导和抑制

菌类对营养物质的吸收在很大程度上取决于酶和酶的活性，消化酶分解大分子营养物质，帮助跨膜运输营养的载体蛋白也是一种酶，称为透性酶。

根据酶的合成方式和存在时间，真菌细胞内的酶可分为组成酶和诱导酶。组成酶是细胞内一直存在的酶，它的合成仅受遗传物质控制，即受内因控制；诱导酶是在环境中有诱导物（一般是反应的底物）存在时，菌物会因诱导物存在而产生的一种酶，诱导酶的合成除取决于环境中的诱导物外，还受基因控制，即受内因和外因共同控制。如催化淀粉分解为糊精、麦芽糖等的 α - 淀粉酶就是一种诱导酶。如果将杏鲍菇菌种培养在不含淀粉的葡萄糖基质中，它就直接利用葡萄糖而不产生 α - 淀粉酶；如果将它培养在含淀粉的基质中，它就会产生活性很高的 α - 淀粉酶。所以采用枝条种的一个优点就是在菌种阶段提前诱导了木质纤维素酶的产生。

在一般情况下，一种营养物质的吸收会受到另一种同样需要的营养物质的影响，例如，在培养基中加入混合糖源，菌类会首先利用葡萄糖而不能吸收也需要的果糖，直到葡萄糖被耗尽才能利用果糖，这种现象称为分解产物抑制。在杏鲍菇培养时，较早激活的是淀粉酶，对麦麸等一类原料中的淀粉类物质进行降解，而木质纤维素酶则激活晚一些。而在木质纤维素降解中，先激活的是木质素酶，因为先要打开木质素对纤维素、半纤维素的包裹，等到木质素酶的活性逐步降低时，各种纤维素酶就会大量分泌。

酶的诱导和抑制是由基因控制的，涉及结构基因和调节基因，菌物会根据生长发育的内在需要来进行控制。

第二节
杏鲍菇的代谢生理

新陈代谢是生命的重要特征。生物表现出来的生长、发育、生殖、遗传、变异等生理活动，都是以新陈代谢为基础的。研究真菌的代谢生理规律，对于指导生产有着十分重要的意义。新陈代谢主要包括物质代谢和能量代谢两个方面。

1. 物质代谢 是指生物体与外界环境之间物质的交换和生物体内物质的转变过程，包括合成代谢和分解代谢两个方面。合成代谢，又称为同化作用，是菌体将从外界摄取的营养物质转变为自身机体（菌丝或子实体）的组成物质的过程。具体是在各种合成酶系的参与下，将吸收进来的小分子营养物质合成多糖类、蛋白质、脂质等，并且储存积累起来，以供菌丝不断伸长蔓延。分解代谢又称为异化作用，是菌体将自身的一部分组成物质氧化分解，并且把分解的终产物排出体外的过程。例如，当菌丝生长到成熟阶段，在合适的温湿度、光照和通气条件下，会将积存的部分多糖分解为单糖，将蛋白质分解为氨基酸，并把这些小分子有机物转运到子实体中，然后再次通过合成代谢聚合成子实体的蛋白质、几丁质、核酸等大分子物质，组成新的生命形式。

2. 能量代谢　是指生物体与外界环境之间能量的交换和生物体内能量的转变过程，通常包括能量储存（同化作用）和能量释放（异化作用）两个方面。真菌从外界吸取营养合成菌体物质不断壮大自己，同时也是一个将化学能蓄积在菌丝细胞内的能量储存过程；而真菌又会根据自身的生命活动需要，通过呼吸作用，不断地氧化分解细胞内的有机物质，把储存的那部分能量重新释放出来供消耗使用。真菌生长过程中的体温维持、吸收输导、合成转运以及分化发育，都是依赖这种分解所释放的能量。有了这些能量，孢子才可能萌发，菌丝才有力量吸收营养，而且生命活动越是旺盛，能量需求越多。

合成代谢依靠分解代谢提供能量和原料，分解代谢又以合成代谢为物质基础，它们在生物体中互相对立而又统一，决定着生命的存在和发展。真菌就是这样通过不断地合成、分解代谢，使机体不断地自我更新，从而保证生长、发育、繁殖等生命活动的正常进行。

第三节
杏鲍菇的生长生理

生长和发育是真菌各种生理和代谢活动的综合表现，包括孢子萌发、菌丝生长、菌丝体形成、子实体形成等各个阶段，这是一切生理活动的综合反映。研究这些历程的内部变化及其与环境的关系，对于掌控、调节真菌的生长发育，提高真菌生产力非常重要。

所谓生长，是指真菌在生命周期中，生物细胞、组织和器官的数目、体积或干重等不可逆增加的过程，它通过原生质的增加、细胞分裂和细胞体积的扩大来实现，体现一种量变。通常把营养器官菌丝体的生长称为营养生长，把生殖器官子实体的生长称为生殖生长。

所谓分化是指从一种同质的细胞类型转变成形态结构和功能与原来不相同的异质细胞类型的过程，体现一种质变；如菌丝扭结到原基形成，菇蕾分化到菌盖、菌柄的显现等。

所谓发育是指在生命周期中，生物组织、器官或整体在形态结构和功能上的有序变化，既有量变又有质变；如孢子萌发、初生菌丝生长、次生菌丝生长、菌丝体生长到子实体形成，以及菌褶孕育孢子等。

生长、分化、发育三者关系密切，有时会交叉重叠在一起，如菌丝扭结到原基形成的发育过程中，既有细胞的分化，也有细胞的生长。所以一般认为，发育包含了生长和分化。

杏鲍菇是四极性异宗结合真菌。有性世代在每个担子上产生4个担孢子，有4种交配型（AB、Ab、aB、ab）。交配型不同的单核菌丝之间互相配对，通过质配形成每一个细胞有两个细胞核的双核菌丝，配对菌丝在经过一个阶段的发育后，就在双核菌丝上扭结，形成原基，并发育成子实体，子实体成熟时，菌褶上形成无数担子，在担子中进行核配，双核经过减数分裂，每个担子小梗上先端着生4个担孢子（图2-1）。

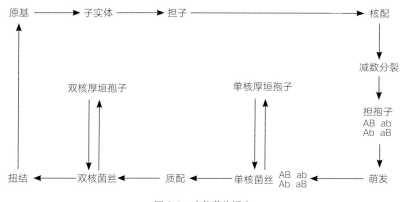

图 2-1　杏鲍菇生活史

一、菌丝体的生长发育

杏鲍菇在菌丝体阶段的生长发育过程，呈现一条慢—快—慢的S形生长曲线。可分为5个时期：

1. 生长迟缓期 此时期是菌种适应新环境的过程。接种物若为孢子，首先便要吸饱水分，使孢子壁膨胀软化，同时将孢子内的原生质从凝胶状态变为溶胶状态，使一系列酶活化，增强代谢，当外部条件适合时，孢子便伸出芽管形成菌丝。接种物若为菌丝片段，也要与接种的基质有一个结合过程，通过调整酶的系统，从新的营养环境中获取物质和能量，并积累到一定程度后才能伸长，这一时期是菌丝伸长的准备阶段，看不到菌丝有明显生长。

2. 加速生长期 菌丝在适应了所处的环境后，开始快速生长。菌丝的生长是以顶端延长的方式进行的，在不断向前伸长的过程中，菌丝又会产生许多分枝，呈辐射状向四面八方延展，形成菌落，菌落之间的菌丝还会通过细胞融合而联结。菌丝生长速度与菌丝顶端数目和供给菌丝顶端养分的速率有关，在加速生长期开始的短时间内，菌丝生长量可以达到指数级增长。菇类的生长是以细胞的生长为基础的，通过细胞分裂增加细胞数量，使菇类重量增加；通过细胞伸长使菇类体积增加。

3. 稳定生长期 菌丝在这个阶段维持恒定的快速生长速率（通常是最高速率）。随着基质中容易吸收的小分子养料逐步消耗，以及所含氧气的逐渐减少，菌体会分泌更多的酶来降解结构复杂的大分子营养物质并加大呼吸量来接续供应。

4. 减速生长期 由于受到营养消耗、氧气缺乏以及自身代谢产物积累有毒物质的影响，菌丝生长进入减速期，表现为菌丝扩张范围收窄、生长速度放缓、菌丝细胞数量增加不多但细胞体积增大不少，表明这一阶段菌丝生长的重点是通过吸收积蓄营养来增加生物量，实现生理成熟，做好向生殖生长转变的准备。以此可以看出杏鲍菇培养中后熟期的重要性。

5. 衰亡期　随着时间的延长，菌丝生长速度越来越慢，最后出现停滞，菌丝细胞内液泡增多，储藏物质减少，出现老化自溶，细胞中有机物分解释放出氮（N）、磷（P），走向衰亡。实际生产中杏鲍菇培养期过长也会因菌丝过于老熟而影响产量。

二、子实体的生长发育

杏鲍菇在育成阶段，通过细胞分化，形成各种组织器官，长成完整的子实体。具体可分为 5 个时期。

1. 菌丝聚集期　进入栽培室的菌包经过短时间恢复后，料面上原本直立的气生菌丝开始倒伏，呈匍匐聚集状态，颜色愈加浓白。

2. 原基形成期　培养料表面的菌丝逐渐扭结成团，形成半圆形小突起，顶端有针状菇蕾。

3. 菇蕾分化期　米粒状菇蕾进一步分化，顶端为半球状的菌盖，下部为圆鼓状的菌柄，但未见菌褶。

4. 子实体伸长期　菌柄快速伸长，菌盖逐渐展开，菌褶逐渐形成。

5. 子实体成熟期　子实体完全形成，菌盖边缘稍微内卷，菌褶开立，担孢子成熟并开始弹射。

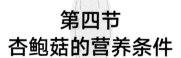

第四节
杏鲍菇的营养条件

杏鲍菇属木腐菌，是一种分解木质素、纤维素能力较强的食用菌，其在生长发育过程中所需的营养物质主要包括碳源、氮源、矿质元素和维生素等。

1. 碳源　碳素是菌类生命活动中需求量最大的营养物质，它是细胞和代谢产物中的碳骨架来源，也为菌类的生长发育提供所需要的能源。对于杏鲍菇来说，在菌丝培养阶段，最佳碳源是葡萄糖，其次是蔗糖和果糖。麦芽糖、淀粉不适合杏鲍菇菌丝的生长。人工栽培杏鲍菇时，多以木屑、玉米芯、豆秸、麦秸、稻草、甘蔗渣等碳源作为主料。

2. 氮源　氮素是食用菌重要的营养物质之一，它的主要作用是合成关键的细胞组分，包括氨基酸、蛋白质、嘌呤、嘧啶、核酸、几丁质等。杏鲍菇的最佳氮源是蛋白胨，其次是酵母粉、大豆粉，一些无机氮源如硝酸钾、硝酸铵、尿素等也能使菌丝生长很好，这点是一般菇类所不具有的特征。人工栽培常以麦麸、米糠、玉米粉、豆饼粉、尿素等优质氮源为辅料。

3. 矿质元素　包括磷、钾、钙、镁、硫等大中量元素，它们参与细胞结构物质的组成、酶的组成、酶作用的维持、能量的转移、原生质胶态的控制和细胞渗透压的调节等，具有多方面的功能。杏鲍菇生长还需要锌、铁、铜、钼、钴、硼等微量元素。它们是酶活性中心的组成部分，或者是酶的激活剂。在这些矿质元素中，以磷、钾、镁三种元素最为重要。在配制培养料时，一般通过添加磷酸二氢钾、磷酸氢二钾、硫酸镁、石膏粉（硫酸钙）、石灰（氧化钙）、碳酸钙等无机盐来提供矿质元素。微量元素在普通水和各种培养料中都已含有，通常不必额外添加。

4. 维生素　维生素是生物生长和代谢必需的微量有机物。对杏鲍菇的菌丝生长、原基发生及子实体发育均有不同的促进作用，其需要量虽然很小，但却不可或缺。如维生素 B_1、维生素 B_2、维生素 B_6、叶酸、烟酸等。其中维生素 B_1 对杏鲍菇的生长发育很重要，缺乏会影响其生长。B 族维生素在马铃薯、麦芽、麦麸、米糠、玉米粉等原料中含量较多，人工栽培时一般不需要再添加。

第五节
杏鲍菇的环境条件

1. 温度 杏鲍菇菌丝体在 6～32℃下均能生长，适宜温度为 22～27℃，最适温度是 25℃左右；低于 4℃或高于 35℃时菌丝生长缓慢或停止生长。杏鲍菇原基形成温度为 10～18℃，最适温度为 12～16℃；低于 8℃不会现原基，高于 20℃容易出现畸形菇，还会发生病害引起死菇、烂菇。子实体生长温度为 10～21℃，最适温度为 14～16℃；高于 21℃时，子实体易萎缩、发黄和腐烂。对温度的控制因菌株不同而异，在引种时要特别留意菌株的特点。

2. 水分和湿度 杏鲍菇比较耐旱。菌丝生长阶段培养料适宜含水量为 62%～65%。但因为栽培时不宜在菇体上喷水，菇体所需的水分主要来源于培养料，所以调配培养料含水量时可适当提高至 65%～70%。菌丝体生长阶段空气相对湿度 65%～70% 即可，现原基后子实体分化阶段空气相对湿度以 90%～95% 为宜，子实体生长阶段空气相对湿度可适当调低到 85%～90%。

3. 空气 菌丝体生长阶段需氧量相对较少，低浓度的二氧化碳（CO_2）对菌丝生长具有刺激作用。菌丝生长过程中的呼吸作用，会使菌包（瓶）中的 CO_2 浓度由正常空气中含量的 0.03% 逐渐上升到 2% 以上，但菌丝仍能很好生长。子实体生长阶段的原基期则需要充分的氧气（O_2），CO_2 浓度应下降到 0.5% 左右，否则原基不分化而膨大成球状。菇体生长发育期需要新鲜空气，CO_2 浓度以小于 0.1% 为宜。

4. 光照 菌丝体生长阶段不需要光照，在黑暗的环境下菌丝生长加快。现原基和子实体生长发育阶段需要 50 ~ 500lx 的散射光，光质、光强、光照时间对菇蕾数量、菇盖大小、菌柄长短、颜色深浅有影响。

5. 酸碱度　酸碱度是环境中的重要生态因子，对菌物生长的作用主要体现在：

（1）酶促反应。酸碱度可以保持酶促反应处于相对稳定水平，避免引起酶活力下降，使基质中的营养物质得以正常分解，从而为杏鲍菇生产提供足够的营养物质。

（2）营养吸收。酸碱度对菌物营养吸收具有十分关键的影响，如酸碱度过低，氢离子浓度增高，会妨碍细胞对阳离子的吸收，又如酸碱度过高，会干扰细胞对阴离子的吸收，造成杏鲍菇生长不良。

（3）呼吸作用。酸碱度与菌物生长过程中的呼吸作用具有很强的关联性，如果基质酸碱平衡被打破，将严重影响杏鲍菇的正常呼吸和生长。

杏鲍菇在 pH 4 ~ 8 时可生长，菌丝体生长阶段最适 pH 为 6.5 ~ 7.5，出菇阶段的最适 pH 为 5.5 ~ 6.5。

第三章　工厂化的生产模式

　　食用菌工厂是设施农业的高级发展阶段，也是最具现代农业特征的生产方式。它将现代工业、生物科技和信息化技术等一系列高新科技手段引入传统农业领域，在可控的环境设施条件下，开展高效率的机械化、自动化作业，实现食用菌的规模化、集约化、标准化、周年化生产。

食用菌工厂与以往传统农法栽培方式的主要区别在于：采用高标准的封闭式厂房建筑，最大限度地屏蔽隔离了外界不利因素（自然的和人为的）对农业生产的扰动；采用高精度的仿生态人工环境设施，充分满足栽培对象生长发育要求，从而实现工厂全天候、周年化生产；采用高密度的立体化栽培方式，充分挖掘土地、空间的利用潜力，可以十倍或数十倍地提高单位面积产出；采用高效率的机械化、自动化装备作业取代繁重的手工劳动，从而大大提高劳动生产率，降低人工成本；采用高效能的科学管理组织工厂的人财物、产供销运作，使各种农业资源的潜力大大发挥。

进行工厂化建设面对的首要问题是选择和确定生产模式。一个好的生产模式可以助力企业在赢得市场、超越对手、吸引投资和创造利润等方面取得事半功倍的效果。可以说当今之世，实体企业间的生产竞争已经不是单纯技术高低的比拼，而是各种模式优劣的较量。在同质化产品竞争日趋激烈的今天，能否创立并实施一个好的生产模式将是企业成败的关键。

第一节
生产模式的内涵

所谓模式，是某种事物的标准形式，或可使人照着做的标准样式和方法途径。而生产模式就是企业根据特定的生产对象，将人员、材料、设备设施、工艺技术、组织管理等按照一定的方式有机组合，形成和促进生产能力发展的相对稳定的标准样式、机制和方法。简而言之，生产模式是企业产品创造和价值实现的总体构建和框架方式。

第二节
生产模式的分类与选择

一、生产模式的分类

将生产要素的不同水平进行配置、不同内容进行整合，可以形成各种生产模式。食用菌生产模式的种类很多，由于考量问题的角度不同，其划分方式也各异。

（一）集中化生产和离散化生产

按照生产组织形式划分，食用菌生产模式有集中化生产和离散化生产两种。集中化生产就是固定在一个区域连续完成工艺过程。我国的杏鲍菇工厂化生产基本采取这种方式，即制种、堆料、培养、出菇、采收、包装都在一个工厂内完成。集中化生产的特点是地理位置集中，生产过程自动化程度高，运输距离短，协作与协调关系较少。离散化生产是相对独立、分散地开展生产。日本和韩国的一些企业较多采用这种方式，即原料、菌种、培养、栽培等环节分别由专业的公司厂商经营，相互配套，协作生产。杏鲍菇的栽培过程也采用培养中心和众多小型菇厂的合作生产形式，前者负责配料、灭菌、接种和发菌等环节，后者承担出菇和采收工作。这种生产模式的地理位置分散，但专业化程度高，计划、组织、协调的任务较重。

（二）固定式栽培和移动式栽培

按照栽培方式划分，食用菌生产模式有固定式栽培和移动式栽培两种。固定式栽培是产品栽培过程相对固定在一个菇房，环境系统根据产品生长不同阶段的需求进行调节。双孢蘑菇的单区制栽培、金针菇的一房制栽培就属于这种类型。移动式栽培是各个区域的环境系统工艺设置相对固定，产品按照生长阶段移动进入相应的区域。具有代表性的是双孢蘑菇的二区制和金针菇的四房制。现有杏鲍菇的生产厂家在这方面也有类似的不同选择。

（三）机械化生产、半自动化生产和自动化生产

按照生产的先进程度和装备水平划分，食用菌生产模式有机械化、半自动化和自动化生产等。目前我国杏鲍菇袋栽生产的主要工艺装备只达到机械化和半自动化的水平，而日本和韩国的瓶栽模式在主要工艺上已经实现了自动化生产，加上先进的物流系统，一些大型企业已经向少人化的自动化工厂迈进。

（四）生料、熟料和发酵料栽培

按照基料处理形式划分，食用菌生产模式有生料栽培、熟料栽培、发酵料栽培等。生料栽培是原材料未作加温灭菌处理的栽培方式，如平菇、姬菇生产可以采取此种方式；熟料栽培是原材料采用高压或常压蒸汽等物理手段处理的栽培方式，金针菇、杏鲍菇等多采用此种方式；发酵料栽培是采用原材料堆置发热杀灭病原物以及熟化处理的栽培方式，如双孢蘑菇、草菇可以采用这种方式，又称为半熟料栽培。

（五）床栽、箱栽、瓶栽和袋栽生产

按照栽培工艺划分，食用菌生产模式有床栽、箱栽、瓶栽和袋栽等几种。例如，双孢蘑菇和草菇子实体生长的周期短，菇蕾期的风味口感最佳，比较适合大规模床栽、箱栽；金针菇、杏鲍菇等子实体生长期较长，主要食用部位是菌柄，比较适合瓶栽、袋栽。当然这些工艺还可细分，如杏鲍菇的袋栽具体还有墙式、床式、畦式、吊式、覆土式等区分。由于栽培的工艺不同，其相应配置的场地、设施、设备和劳动组织都会

有很大的区别。

二、生产模式的选择

企业对生产模式的选择和确定，一般依据以下几个方面：

1. 针对产品特点　食用菌种类繁多，习性各异，往往不能套用相同的栽培模式。例如双孢蘑菇和草菇等草生菌消化纤维素和半纤维素的能力较强，它们的原材料指向是草本植物和禾本植物。而且子实体在幼蕾期（未开伞）采收其风味口感最好，因此比较适合发酵堆料和大型的床栽、箱栽模式。金针菇和杏鲍菇等木腐菌含有较多木质素和纤维素的消化酶，它们的原材料以木本植物为宜，其食用部位主要是菌盖和菌柄，因此更适合瓶栽和袋栽。

2. 依据核心技术　各个企业采用的工艺路线和技术装备不同，它的生产模式也会大相径庭。例如生产布局就有对象专业化和工艺专业化之分。双孢蘑菇生产有单区制和双区制之分，金针菇生产也有一房制和四房制（催蕾、均育、抑制、出菇）的不同。单区制和一房制秉承的是对象专业化原则，产品地点相对固定，环境设施根据产品生长的阶段需要变换温、光、水、气等工艺参数。优点是搬运移动次数较少；缺点是环境设施配置要求比较宽泛，需要不断调整。双区制和四房制秉承的是工艺专业化原则，各个不同的环境设施设置相对固定，产品按照生长阶段的需要向前移动进入不同的区域或房间。优点是环境设施配置比较单一，容易操控；缺点是移动路线较长，装载的器具投资费用很高。

3. 结合资源条件　环境、原料、能源、资金、人力等资源是项目建设的前提，也是选择生产模式的必备条件。例如我国沿海发达地区一般资金比较充裕，但劳动力成本较高，可以选择自动化程度较高的生产模式。经济较为落后的地区往往劳动力成本要远低于设备的折旧成本，因而选择机械化加人工辅助的模式更加适用。

模式可以有多种选择，而选择意味着权衡和取舍。因为模式一旦建立起来并形成一定的组合关系后，要改变它或进行调整是相当困难的。

因此，生产模式的选定对于企业生产发展的成败有着决定性的意义，领导者应反复考虑慎重决策，不要输在决策台和起跑线上。

生产模式是在不断变化发展的。在传统技术逐步向高新技术发展演变的过程中，会诞生很多新的先进生产技术，也会相应出现一系列的先进生产模式。以双孢蘑菇培养料的集中堆置发酵模式为例，开始是从室外翻堆发酵转向更利于质量控制的室内通气发酵；而后改进为在大型通气发酵隧道中进行二次发酵；再者便是采用三次发酵——即在隧道内集中进行播种和发菌培养，将发满菌丝的培养料压块成型销售给菇场；目前又出现了"四次"发酵培养模式，将完成现蕾出菇的菌床交给菇农。双孢蘑菇工厂化生产模式就是在新技术的支撑下不断向更高级的阶段发展的。

第三节
杏鲍菇瓶栽模式

20 世纪末，杏鲍菇作为一种野生的珍稀菇类被人工驯化培育成功，它的新颖外形、独特口感以及预期的市场前景立即引起了国际业界的浓厚兴趣，许多国家纷纷组织力量进行商业化生产的试验研究。日本、韩国首先借助金针菇瓶栽生产的设施设备，成功进行量产，并由此确立了杏鲍菇的瓶栽生产模式。国内的从业者们也有部分采用该种生产模式，如上海佳丰生物科技有限公司以及福建嘉田农业开发有限公司。瓶栽模式的优点是容易组织标准化生产、机械化、自动化水平高，工作效率高，瓶筐可以重复使用。目前，日本和韩国的一些知名大企业，已经实现了从生产投料到采收包装的全部自动化作业，以及菇房人工环境的智能化控制。相比较而言，立式的瓶栽方法更容易体现产品外观品相的优势，其菇形一般呈伞形，菇盖大，菇肉厚，菇柄直立短粗，采收长度一般控制在 8～12cm，口感比大号菇更加细腻脆嫩。瓶栽模式的缺点是一次性投资大，生物学效率相对较低。

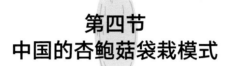

第四节
中国的杏鲍菇袋栽模式

国内一些企业在开始投资进行工厂化建设时，受限于资本投入不足等条件因素，选择比较经济的普通塑料袋栽培方式。例如江西安远天华现代农业有限责任公司研发的杏鲍菇工厂化床架袋式栽培模式，采用封口侧面割袋卧式出菇；河南洛阳福达美农业有限公司仿照黑木耳吊袋栽培模式，实现了杏鲍菇悬挂式高密度栽培；值得一提的是广州正星菇厂在2001年进行冷房栽培的基础上，创新发展了一种网格墙式栽培模式（图3-1），并不断将其完善优化和标准固化，逐渐发展成为国内杏鲍菇生产的主流模式。实践证明，这是一种既符合我国现有国情，又具有自主科技创新的生产方式。产品得到市场的高度认可，先行生产单位也因此获得较好的经济效益。这种示范效应带动了业内同行的跟随仿效，由此杏鲍菇袋栽模式开始在全国更大范围应用推广。21世纪初，福建漳州地区许多工厂按统一模式快速复制建设，同时以企业集群的扩展方式形成产业规模。国内外的不少专家学者也络绎不绝地前往有关工厂参观考察，并且给予这种生产模式很高的评价。亚洲、非洲的不少发展中国家也纷纷前来我国学习引进杏鲍菇袋栽生产模式。中国模式开始走出国门，在更多的异国土地上播撒种子。

图 3-1　网格墙式工厂化生产模式

　　我国杏鲍菇工厂化袋栽生产模式的成功之处，最为突出的就是"两高两低"。"两高"，首先是菇房的利用率高，对同等容积、条件的菇房容纳量进行比较，墙式袋栽模式一般比床架瓶栽高出 20%；其次是生物学效率高，国外瓶栽生产模式的生物学效率一般只有 100%，而我国的袋栽模式目前已经可以达到 110% ~ 120%。"两低"，一是建设成本低，比较在同样地区兴建一座日产 20t 杏鲍菇新工厂的固定资产投资费用（不含土地费用），袋栽模式仅为瓶栽模式的 1/4 ~ 1/3；二是病害发生率低，杏鲍菇的主要病害——细菌性黄萎病和猝倒病的发生是工厂化栽培的世界性难题。国外许多企业都曾遭受过这两种病害而减产甚至绝产的重大损失。而在国内袋栽模式营造的小生境中，此类病害的发生概率则相对较小。

　　袋栽模式的主要缺点是机械化装备水平低，人工耗用量大，劳动生产率不高；而且卧式出菇方式容易造成子实体弯曲翘头，影响外观。

第四章　杏鲍菇工厂建设

　　食用菌工厂化生产从本质内容来讲，仍然归属于农业生产范畴。农业生产的特点，一是它的劳动对象（植物、动物、菌物）是有生命的物体；二是它的生产过程是自然再生产和经济再生产的结合，这两者在工厂化生产中并没有发生改变。但食用菌工厂化生产从表现形式上讲，又充分体现了大工业生产的特点，其大量移植和采用了众多工业的设施装备、技术手段和生产组织形式，完全不同于传统的农业生产方式。把握好这两个方面是从业者进行工厂化建设的基础。

第一节
工厂的规划选址

　　食用菌工厂是一种具有特殊使用功能的农业生产性建筑，是用来进行有效生产的专用设施。因此要有科学的规划设计、规范的建设要求和严格的施工标准。

一、区位选择

　　一切经济活动都是在一定的时间以及特定的地域或空间开展的。食用菌工厂建设首先考虑的是选位布点，选定一个比较理想的优势区位，可以为未来企业的建设和发展奠定良好的基础。在区位选择中，需要考虑的主要有四个因素。

　　1. 自然因素　包括自然资源和自然条件两个方面。自然资源指土地资源、水力资源、矿产资源、生物资源等。建厂首先需要解决土地问题，近年来我国沿海发达地区土地资源日趋紧张，土地费用上涨惊人，而一些欠发达地区地广人稀，亟待开发，土地使用费用也低得多；从工厂需要的能源资源来说，除了煤炭、石油产区外，西北地区有独特的风能资源，南方许多省份有丰富的地热资源，可以用来发电制冷从而替代商品电能。从生产原料来讲，我国东北和西南有广袤的天然林区，内蒙古、新疆有辽阔的草原牧场，木材边角料、作物秸秆、畜禽粪便都是用之不竭的原料，这些都是生产资料的自然富源。自然条件指的是气候条件、地形条件、水文条件等，例如南方亚热带地区的气候条件很适合草菇等高温品种生产，北方某些地区较大的昼夜温差对于培育花菇十分有利。

这种适宜的环境条件其实就是生态生产力。充分发掘和合理利用所在地区的自然资源和自然条件，最大限度地把自然禀赋即"不费分文的自然力"并入生产过程，有利于降低工厂的建设费用和经营成本，从而以较少的劳动投入获取较大的价值产出。

2. 经济因素 包括人口密度、劳动力资源、文化程度、市场消费、生产技术、管理水平、资金来源以及现有的经济结构、配套条件和交通运输等。这些长期历史发展中形成的经济差别，都直接影响着工厂的布点和布点后的效益。例如，选择在沿海发达地区建厂，其市场的容纳量和消化力远比一些欠发达地区大得多，但是工厂的用工成本也高出一截。所以应该善于利用这些经济差异来服务于生产。

3. 产业特点 不同产业部门在生产过程中，对人力、物料、能源的耗用量，原料和产品的运输工作量，"三废"污染物的排放量等均不相同。这种生产技术的不同特点，决定了相同的自然条件、经济条件，对不同产业的布点有不同程度的影响。如2010年左右一批杏鲍菇工厂扎堆在福建漳州投资建设，以集群方式共享模式复制、技术推广、联合采购等成果，迅速形成产业规模，因此，区位选择必须"扬己所长，避己所短"。

4. 政策因素 不同地区不同发展阶段，对于产业布局会有不同要求，至于国家每个时期的重大经济决策，如近20年来，中央针对"三农"问题的解决连续下发过一系列政策文件。工业反哺农业，城市支持农村；建立现代农业园区，发展农业特色经济；稳定土地承包关系，鼓励土地合法流转；实施乡村振兴战略，调整农业产业结构；打赢脱贫攻坚战等重农政策的实施，对企业的选位布局都有着十分明确的导向作用。

由于各个企业背景不同，实力不同，战略目标的选择不同，所以其对区位选择的指向也会不同。一般可分为：

原料指向——食用菌工厂每天要耗用大量的农林下脚料，这些原料体积大，重量轻，又难以长期保存；长途运输成本往往远高于当地的收购成本，所以很多企业选择在原材料产地附近建厂，可以大大降低原材料的运输成本，并且有利于加强对原料基地建设的管理，保证生产供应的畅通。

　　市场指向——食用菌是大众化消费产品，但保鲜难，货架期短，而工厂化生产每天的出货量大，选择在消费集中区附近建厂，实施"销地产"战略对于占领市场、拓展销量有着十分重要的意义。据统计，北京、上海、广州、深圳四大食用菌销售市场每天的销售量几乎占了全国销售量的一半以上，而且始终引领着周边地区的市场价格。多年来一些上市公司和大型企业在全国各大区布点，目标也是开发拓展更大的潜在市场。

　　能源指向——能耗高，在产品成本结构中能源费用比重大也是食用菌工厂的一大缺点，因而有的企业选择在地热利用区、风能利用区以及大型热电厂余热供应区、坑口电站等能享受低廉能源价格的区域建厂，以降低生产成本。

　　劳动力指向——发达地区大中城市普通工人招收不易，费用成本高，有的企业会移向人员充裕、平均工资较低的地区。

二、厂址选择

　　厂址选择比区位选择要更深入细致具体。厂址选择是否合理，不仅关系到工厂化项目的建设速度、建设投资和建设质量，还关系到项目建成后的经济效益、社会效益和环境效益，更会影响到企业后续的经营发展战略。因此，必须认真调查、反复比较、科学评估、慎重决策。评估主要有两个方面：

　　1.厂址选择的一般要求

　　（1）自然因素。

　　①气候条件。厂址备选地的气温情况，包括平均温度、极端温度、昼夜温差等；湿度情况，包括年平均湿度、雨旱季湿度和昼夜的湿度变化等；季风影响，包括风向、风力以及灾害性天气的种类、严重程度和发生概率等。

　　②土地条件。厂址备选地的土地面积、地理位置、地形情况、地质条件以及土地使用价格等都是十分重要的因素。另外还应考虑土地资源

的可扩展性，这对企业未来经营发展是至关重要的。

③水文条件。厂址备选地周围的水资源，包括地表水和地下水，其水量、水位和水质情况及可利用情况，都是需要掌握的。

（2）社会因素。

①市场销售。需要调查和了解当地居民的消费习惯、消费能力以及市场的容纳量、辐射力等。

②原料供应。食用菌工厂需要使用大量的农林下脚料作为栽培的原材料，原料资源的廉价取得和便利供应对于企业是十分关键的。

③人力资源。劳动力除了数量上的要求外，更重要的是质量方面的要求，如文化水平、技术技能等。此外，人力资源的直接工资成本是厂址选择时最重要的评价标准之一。

④交通通信。通信是否顺畅，运输是否便捷，这也是企业进行正常的经营活动必须考虑的。对于生产鲜品的企业来说，如果运送困难或运输成本过高，也可以考虑选择在市场附近设厂。

⑤政策税收。当地政府的各项优惠政策和税收条件也是需要建设者考虑的方面。

2. 厂址选择的特殊要求　食用菌是一种提供人们入口消费的农产品，其质量好坏直接关系到人们的食用效果和健康安全。为保证食用菌的正常生产和卫生安全，必须在合乎其生长发育条件和保证生物安全的清洁环境中生产。由于厂址对生产环境的影响具有先天性，因此在选择厂址时必须根据食用菌工厂对环境因素的特殊要求，进行生境适宜和生物安全评估。应选择在地势高爽，水源清洁，大气含尘、含菌浓度低，自然环境好的区域；应远离饲养场、屠宰场、垃圾场、堆肥场等场所以及散发大量粉尘和有毒有害气体、排泄废水和废渣的工厂、贮仓、堆场或存在严重空气污染、水质污染、振动或噪声干扰的区域。如不能远离空气污染区时，则应选择位于其最大频率风向的上风侧，或全年最小频率风向的下风侧。

以江苏润正生物科技有限公司的选址为例。江苏省昆山市属北亚热带南部季风气候区，四季分明，夏季（6～8月）平均气温26.6℃，冬季（12月至翌年2月）平均气温5.0℃。江苏润正生物科技有限公司位于海峡两岸（昆山）农业合作实验区，远离工业废水、废气及固体废弃物污染区，周围无大型畜禽养殖场，为生产优质的杏鲍菇提供了良好的环境条件。厂区距离主流销售市场（上海）路程较近，一般新鲜货品1h即可抵达，保证产品能够快速送至消费者餐桌，践行了公司倡导的"正星菇类，新鲜美味"的生产理念。厂区周围交通便利，电力及水资源供应充沛，保证了生产可以有序进行，为稳定生产及销售市场创造了良好的基础。附近居民的知识结构和文化水平较高，有着较好的人力资源基础。加上地方政府对农业工厂化项目的大力支持，助力企业迅速发展，不断壮大。

第二节
工厂的布局原则与设计

一、工厂的布局原则

工厂布局的好坏直接影响整个系统的物流、信息流、生产经营能力、工艺过程、灵活性、效率、成本和安全等方面，并反映一个组织的工作质量和职业形象等内涵。因此规划要系统，兼顾各方面要求，精心布局合理安排，讲究整体效果。一般要遵循以下原则：

1.功能分区明确　厂区布局应按功能划区建筑。一般可分为生产区、生活区、仓储区、预留区、绿化区。生产区中的作业车间、培养车间和栽培车间也应独立区分，相对封闭，彼此之间设置隔离门或缓冲间。生产过程是一个有机整体，只有在各部门的配合下才能顺利进行。其中基本生产过程是主体，与它有密切联系的生产部门要尽可能向它靠拢。如辅助车间和服务部门要围绕生产车间安排，在满足工艺要求的前提下，寻求最短运输量的布置方案，还要求能充分利用土地。按功能划区既有利于安全生产，也有利于菌物的正常生长和职工的身心健康。

2. 作业流程顺畅　生产布局要充分考虑生产过程的需要，做到全厂的工艺流程顺畅，上下道工序之间运输距离短直连贯，尽可能避免迂回和折返运输。食用菌工厂生产布局中一般有固定式栽培和移动式栽培两种不同方案的选择。固定式栽培属于对象专业化布局，杏鲍菇生产中采用小库房培养 + 出菇的一房制就是典型的固定式栽培，产品相对固定在一个菇房或区域，环境设施根据产品生长的阶段需要变换温、光、水、气等工艺参数，其作业间的搬运移动次数较少，相对比较简单。移动式栽培属于工艺专业化布局，杏鲍菇培养房的三区制（定植、发热、后熟）和出菇房的二区制（催蕾、出菇）都属于移动式栽培，产品需要按照不同生长阶段移动进入相应的区域或房间。因此要设计好移动方向和移动路线，防止发生人流、物流的交叉对冲，还要考虑好转运方式和装载器具，如叉车、转移床架或输送链。

3. 生产能力平衡　企业的生产能力取决于生产能力最小的那道工序，而不是最大的那道工序。因此前后道工序之间要做到平衡匹配，否则就会出现能力放空和生产堵塞的问题，甚至影响产品质量。例如装好培养基的菌包瓶筐，最好在 30min 内送入灭菌柜灭菌，等待时间过久会出现微生物大量繁殖而发生酸败的现象，在高温季节尤甚。有的企业为了节省投资，把灭菌柜的承载容积定得过大，而前道装瓶工序速度没有相应跟上，高温季节部分装好料的栽培瓶因等待时间过长而发生酸败等质量问题。

4. 防疫隔离到位　食用菌工厂的布局设计还应重点考虑病虫害的防控，一般采用空间隔离、建筑隔离和设施隔离相结合的办法。空间隔离就是利用充分的空间距离来避开或减轻外界污染源的威胁影响。厂房建筑应尽量远离垃圾场、饲养场以及有毒气、粉尘危害的化工厂等污染区域。处在上风端的，距离应保持在 3 000m 以上；处在下风端的，距离应扩大至 5 000m 以上。建筑隔离就是利用密围的建筑屏障来阻止外来病原侵害和内部交叉感染。食用菌工厂内部一般可分为高洁净区（菌种室、冷却室、接种室）、普通洁净区（培养房、栽培房）、轻度污染区（装瓶间、搔菌室）和重度污染区（拌料间、挖瓶间、堆料场）。各区应按不同标准进行建设，区域之间应界限清楚、标识明确。同一洁净级别的房间、区域应相对集中，不同洁净级别的房间区域宜按空气洁净度的高低由里向外保持正压。高洁净级别的房间区域的进出通道要实行人流和物流分离、污道和净道分离。重度污染区应尽量远离洁净区并在其下风口独立设置。设施隔离是利用专门的配套设施来增强卫生防疫要求，如通风系统设置应区域化，以防止区域间的空气交叉污染，使空气从洁净区向污染区流动。高洁净区的人流、物流通道以及缓冲间、风淋室、物流窗都应设有双门互锁装置，一扇门关闭后，才能开启第二扇门，起到气闸的作用。各个菇房的进气和排气系统都应设有止回装置，防止负压时形成脏空气倒吸。

二、工厂的布局设计

工厂的布局设计要根据企业的经营目标和生产纲领，在已确定的空间场所内，按照从原料接收、产品生产、成品包装到货品发运的全过程，将人员、设备、物料所需要的空间做最适当的分配和最有效的组合，以便获得最大的生产经济效益。工厂的布局设计包括工厂总体布置、车间布置和工作地布置。

（一）工厂总体布置

工厂总体布置是工厂设计的重要组成部分，包括对工厂的房屋建筑、设备装置、设施管道，厂内的物流、人流、能源流、信息流等所作的有机组合和合理配置（图 4-1）。杏鲍菇工厂设计安排的建筑有：

1.主要建筑 ①生产车间 [拌料工段、制包(装瓶)工段、灭菌工段、冷却间、接种间等]；②培养车间（菌种室和养菌室）；③育菇车间（出菇房）；④包装车间（预冷间、整理间、包装间、成品库、清料间）。

2.辅助建筑 配电室、锅炉房、空压站、原辅料仓库、机物料仓库、办公楼、室外堆场、预湿池、废料处理场等。

主要确定物流和人流的路线和出入口，选择物料搬运的方法和设备。对建筑物、设备、管线、材料场地、运输线路等进行平面定位和竖向布置，并绘制出布置图。根据劳动卫生和生产安全要求，配置各种环境保护、消防和绿化美化设施设备。

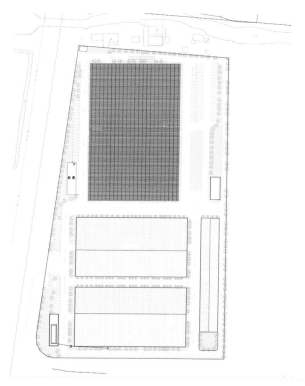

图 4-1　生产厂区布置示意

（二）车间布置

车间布置是指对车间各基本工段、辅助工段、生产服务部门、设施、设备、仓库、通道等在空间和平面上的相应位置的统筹安排（图4-2）。车间布置旨在更有效地利用厂房空间，一方面方便于生产操作，避免生产设备安放的过度拥挤；另一方面，注意厂房的通风和防火防冻，确保安全生产。车间的平面布置要根据工厂的生产大纲和车间分工表、生产流程、工艺路线、生产组织形式以及机器设备和运输设备的种类、型号、数量等多方面因素共同确定。好的车间布置应最大限度地减少搬运路程，让物料进入车间依次流经各个工位后再流出车间。

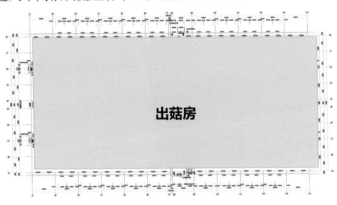

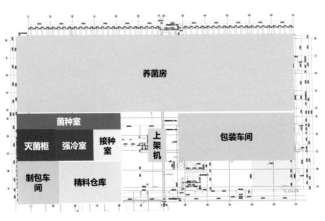

图4-2　工厂车间布局示意

（三）工作地布置

工作地是生产者运用生产工具对生产对象进行作业的场地。工作地占有一定的生产面积，有必需的机器设备、工具、器具和物料。工作地的具体布置方法与要求：按照生产工艺要求，将设备、工具、物料安放在适当的固定位置，使操作者拿取省力，使用方便，避免寻找；建立良好的劳动环境，光线明亮，空气清新，温度适宜，物料摆放整齐；生产者有足够的作业空间，能采用良好的劳动姿势；危险区有警示标志和防护装置；上下道工序之间应保持作业的紧密衔接，作业路线要流畅，整个作业做到不空运、不倒流、有秩序地进行。

第三节
工厂的规范建设

一、工厂建筑结构

工厂建筑结构大致有三种。

1.钢架彩板结构　梁柱等主要承重构件全部采用钢材制作（图4-3），墙体采用保温板围护和内部分割（图4-4）。

优点：一是自重轻，能制成大跨度、超净高的空间，特别适合大跨度的厂房建设；二是能预制，钢架和彩板都可以在专业工厂提前制作，然后运至现场拼装；三是工期短，由于没有混凝土干燥等维护期，因此施工进度可以大幅缩短。

缺点：一是顶板和墙板不宜受力，设备吊顶和挂壁比较困难；二是改造和修补不易。

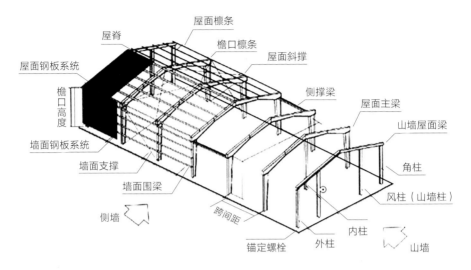

图 4-3 钢架结构厂房示意

图 4-4 钢架结构厂房

图 4-5 混合结构厂房

2. 混合结构 梁柱楼板屋顶等主要构件全部采用钢筋混凝土制作，墙体采用砖砌围护分割（图 4-5）。

优点：一是坚实耐用，使用周期长；二是适合于多层建筑；三是改造修补比较容易。

缺点：建设周期较长，要另加保温层。

3. 保温棚室结构 采用镀锌钢管作为骨架，覆盖多层保温隔热材料（图 4-6、图 4-7）。

优点：投资省、见效快、建设方便，经济条件较差的农户都能采用。

缺点：使用寿命短，保温性能略差。

图 4-6　保温菇棚　　　　　　　　　　图 4-7　保温菇棚内部

二、工厂建设重点工程

作为一个进行活生命体培养的特殊建筑群，杏鲍菇工厂在建设施工中要特别重视的几项工程如下：

1. 保温工程　厂房围护结构的材料应满足保温、隔热、防火和防潮等功能要求。

（1）轻钢彩板结构的菇房。菇房建设若是采用轻钢彩板结构，选用的彩板就兼具围护和保温作用。主要有两种：聚苯乙烯彩板和聚氨酯彩板。外层为 0.6mm 厚的彩色钢板；内层为发泡聚苯乙烯或发泡聚氨酯彩板。由于有外层钢板保护，内层的发泡材料不易受潮，保温效果很好。但要注意，隔热材料的容重（密度）是影响导热系数的一个重要因素，发泡聚苯乙烯彩板的最佳容重约为 $27kg/m^3$。有的市售板容重达不到要求，其保温效果就会打折扣。因此菇房保温应选用容重达到指标的冷库板。另外要注意当导热系数较大的金属柱、梁、板、管道等大型构件穿过或嵌入菇房围护结构的隔热层时，会形成导热的通道——冷桥。因此在设计施工中，要做好冷桥的处理。

（2）框架砖混结构的菇房。菇房建设若是采用框架砖混结构，一般建成后在建筑内墙上敷设保温材料。一种是采用 5cm 厚的聚氨酯喷涂发泡，优点是保温效果好，容易和墙体基材黏结，而且没有接缝，消除了冷桥。缺点是材料表面凹凸毛糙，容易积灰，在洁净度要求较高的环境区域可在其之上再喷涂一层油漆，效果更好。另一种内墙敷设是采用绝热用挤塑聚苯乙烯泡沫板（简称挤塑板）。挤塑板是闭孔的蜂窝结构，具有低吸水性、低热导系数、高抗压性和抗老化性，保温性能略次于聚氨酯，价格便宜；但粘贴工艺比较复杂。在诸多保温材料中，聚氨酯（PU）材料的保温性能最为优异，其导热系数为 $0.022W/(m \cdot K)$；其次是挤塑板（XPS板），导热系数为 $0.028W/(m \cdot K)$；可发性聚苯乙烯板（EPS板）的导热系数为 $0.042W/(m \cdot K)$；聚苯颗粒保温浆料的导热系数为 $0.059W/(m \cdot K)$。在选用上述保温材料时，要注意它们的防火等级必须达到 B1 级或以上的阻燃效果。保温棚室的被覆材料一般由遮阳网、反射铝箔、工业毛毡、岩棉、塑料薄膜等多层保温隔热防潮材料组成。在外界温差不大的区域或季节非常实用。

厂房建筑顶层要敷设隔热层，我国南方地区日照强烈，隔绝太阳暴晒对于稳定室内温度、降低空调设备使用率十分重要。平面屋顶的混合结构建筑可以在顶层加设隔热砖或隔热板，斜面屋顶的钢架彩板结构建筑可在屋顶钢板的内侧一面铺设岩棉和反射铝箔。厂房建筑的地面保温层可用 2 层 3cm 厚的挤塑板铺设，保温层上下覆聚乙烯（PE）薄膜，达到防潮隔气效果。

2. 通风工程　杏鲍菇是一种好气性菌类，菇体生长发育期 CO_2 浓度以小于 0.01% 为宜。在采用高密度栽培模式的工厂化生产中，要满足菌体的这一生理需求其实并不简单。因为菇房的温度稳定和换气频率往往是一对矛盾，在外界自然温度和菇房内部温度悬殊的情况下，频繁换气容易造成温度波动。因此需要设置两级预冷（热）。以江苏润正生物科技有限公司为例，其厂房南北通透，便于空气流通、排出厂房废气；还能利用两边菇房中间的走道设立气密室或直接作为预冷预热的调节器。

3. 净化工程　洁净区中，洁净等级最高的是冷却间和接种间，洁净等级为 10 000 级，局部为 100 级；其次是实验室和菌种间；再次是培养室。在设计和建设厂房时，应考虑使用时便于进行清洁工作。洁净区的室内表面要求平整光滑、无裂缝、接口严密、无颗粒物脱落，并能耐受清洗和消毒，墙壁与地面的交界处宜成弧形或采取其他措施以减少灰尘积聚和便于清洁。洁净室（区）内各种管道、灯具、风口以及其他公用设施，在设计和安装时应考虑使用中避免出现不易清洁的部位。进入洁净室（区）的空气必须净化，并根据生产工艺要求划分空气洁净级别。洁净室（区）的窗户、天棚及进入室内的管道、风口、灯具与墙壁或天棚的连接部位均应密封。空气洁净级别不同的相邻房间之间的静压差应大于 5Pa，洁净室（区）与室外大气的静压差应大于 10Pa，并应有指示压差的装置。洁净室（区）内安装的水池、地漏不得产生污染。不同空气洁净度级别的洁净室（区）之间的人员及物料出入，应有防止交叉污染的措施。应分别设置人员和物料进入洁净区的通道，防止人、物混流。同时，应设置人员和物料进入洁净区前的净化用室和设施。空气净化采用层流式高效空气过滤技术。层流过滤分为垂直层流和水平层流两种，可根据需要采用。如果冷却间采用水平层流，接种机上方应安排垂直层流。

三、公用设施配套

水、电、气供应是生产的保障，也是设计中需要关注的内容。

1. 供水　主要是满足生产需求和消防需求。厂区管网设计要形成闭环。食用菌生产本身用水量不多，但对水质有一定要求。应进行水质化验，达不到标准的应进行处理。消防可根据规范要求设置储水坦克和消防栓。

2. 供电　食用菌栽培是一个不间断的生产过程，不能发生电源断供。可以有两种方案选择：①采用双路供电设计。正常生产时两台变压器同时运行，当一路断电时，另一路维持生产用电。②一路进线供电，另配置若干大功率柴油发电机备用。

3. 供气　杏鲍菇生产需要进行高压蒸汽灭菌。应根据需求建立锅炉房，配置锅炉（或蒸汽发生器）和供气管道。锅炉有燃油、燃煤、燃气、生物质锅炉等，要选用有资质的安全、节能、环保锅炉。供气管道要做保温覆盖，较长距离的要安装疏水装置。

第五章 人工环境系统及调控

　　菌物的生长发育，除取决于本身的遗传特性外，还取决于环境因子，这些环境因子包括温、光、水、气等。而食用菌工厂，实际上就是在一个人工围护形成的封闭或半封闭立体空间内，采用高精度环境控制进行周年化生产的系统。如何使这个系统为生产对象提供最为舒适的生长环境呢？首先要了解清楚菌物生长、发育和呼吸等生理过程与环境因子之间的互作关系；其次要综合考虑各环境因子的复合作用效果，选择运行成本低、效果好的调控手段进行优化，以达到理想的控制效果。相对其他品种而言，杏鲍菇属于环境敏感型食用菌，环境条件的波动变化会对其产量和质量带来很大影响，特别容易出现产量不稳、畸形菇多和品质参差不齐的现象，因此在环境控制方面更为讲究。

第一节
温度环境及调控

温度是工厂化设施内的主要环境因子。菌物的呼吸吐纳、水分的吸收蒸腾、营养的积累消耗、菌丝体和子实体器官的生长发育等一系列生理活动和生化反应都是在一定温度条件下进行的。适宜的温度是生命活动的必要条件之一，因此食用菌工厂的环境温度及控制对于保障菌菇的高效生产极为重要。

一、温度对杏鲍菇生长发育的影响

杏鲍菇在不同的生长发育阶段对温度的要求是不同的。在营养生长阶段，最高温度是32℃，最低温度是6℃，最适温度是25℃；在生殖生长阶段，最高温度是21℃，最低温度是6℃，最适温度是15℃。在最低温度点到最适温度点之间，温度升高，杏鲍菇的生理生化反应加快，生长发育加速；温度降低，杏鲍菇的生理生化反应变慢，生长发育趋缓。当温度低于或高于杏鲍菇生长所能忍受的极限温度时，杏鲍菇生长停止，开始受害甚至死亡（图5-1）。

1.最适温度和最优温度　生长最适温度一般是指菌菇生长最快速的温度，而不是生长最健壮的温度，能使菌菇生长最健壮的温度，叫作协调最适温度（最优温度），通常要比生长最适温度低一些。这是因为，细胞伸长过快时，物质消耗也快，其他代谢如细胞壁的几丁质沉积、细胞内含物的积累就不能与细胞伸长相协调进行。所以在培养和出菇环节，生产者最佳的控温选择，应该比生长最适温度低1～2℃。

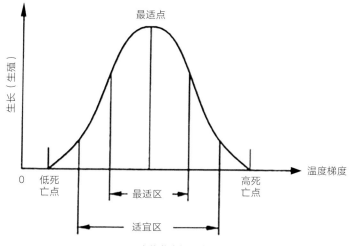

图 5-1　杏鲍菇生长温度三基点

2. 有效积温与生理成熟　积温的概念可以相对表示为菌菇整个生长发育过程中对热量条件的总要求。菌菇只有在环境温度高于下限温度时才能生长发育。这个对菌菇生长发育起有效作用的高出的温度值，称作有效温度；菌菇完成某一生育阶段或整个生育周期的有效温度总和，称作有效积温。菌菇生育速度取决于达到有效积温所需的时间的长短。杏鲍菇在营养生长阶段达到生理成熟的有效积温大约需要 800h。因此在平均 25 ～ 27℃培养温度（包内温度）下，需要经历 30 ～ 38d 的养菌时间。在实际生产中，即使菌包在 22 ～ 23d 可以发满，但生产者仍会给予其一段时间的后熟期，使包内的菌丝积累足够的供出菇的养分。如果培养期一直处于较低温度或培养时间不足，即在积温未能达到总量要求的情况下勉强拿去出菇，就会发生畸形菇等生理障碍，使产量和质量大打折扣。

3. 低温诱导与原基形成　杏鲍菇虽然属于恒温结实食用菌，但催蕾期采用低温刺激有利于原基的形成和子实体的发生。实践中，生产者将经过培养后充分生理成熟的菌包送入出菇房后，会强制实施降温打冷，使菌包温度从 25℃降到 10 ～ 12℃，促使包内菌丝从营养生长转向生殖生长。事实证明，这种低温刺激效果非常之好，对诱发菌丝扭结、原基形成和菇蕾发生可起到关键的促进作用。

4. 高低温差与菇蕾控制　杏鲍菇栽培中一个较大难点是现蕾阶段菇头数太多，互相之间争夺养料和空间，人工疏蕾又耗时费力。可以在现蕾后的一段时间，反复给予一定幅度的高低温差刺激，迟滞大部分弱势菇蕾生长使其退出竞争，将营养集中转供给少数个体健壮具有竞争优势的子实体，从而达到疏蕾的目的。

5. 温度胁迫和生理性病害　杏鲍菇的生长发育是在一个比较狭小的温区内进行的，超出温区的持续的温度波动将对其产生多种伤害，称为温度胁迫。在工厂化生产的特殊环境中，常会遭遇一些自然生长很少会发生的热害和冷害问题。所谓热害，发生最多的是培养阶段的"烧菌"，在高密度的培养环境下，菌包放置过密以致发热阶段包内的热量无法散出，出现高温障碍。所谓冷害，比较典型的是出菇阶段由于库房低温导致原基不分化，形成大量的脑状畸形菇，造成低温障碍。这都是需要注意避免的。

二、菇房的温度调节和控制

食用菌工厂的温度调控是采用一系列的工程技术手段进行室内温度的人为调节控制，以维持菌物生长发育过程的动态适温，并实现空间上的均匀分布，时间上的平稳变化，进而保障菌物的高效生产。其主要的控制调节措施如下：

1. 制冷系统　为了保证菇房温度的稳定，经常使用两级制冷方式。

一级预冷，最为方便的是利用两侧菇房中间的走道，两端加装密闭门，顶部加装冷气机，进行空气预冷。如果走道层高足够，也可以用保温板在走道上部隔出专用的预冷风道，以降低污染率。还可采用热交换器装置。将菇房内的陈旧空气抽出一部分与外部新鲜空气通过热交换器进行热交换后再送入菇房，也可起到预冷的作用。

二级降温，一般采用制冷机系统。该系统主要由压缩机、冷凝器或冷却塔、蒸发器、膨胀阀、电磁阀等构成。压缩机将蒸发器中净化的制冷剂吸入气缸，压缩到可以冷凝液化的程度。被压缩的高压制冷剂气体被送到冷凝器或冷却塔，经冷风或冷水冷却后，使其凝结液化，然后送入储液器中暂存，储存的液态高压制冷剂经过膨胀阀后压力骤减，进入压力较低的蒸发器中，液态的制冷剂在蒸发器中吸收周围空气中的热量汽化，从而达到降温的目的。

2. 加热系统　杏鲍菇是中温型菇。在室温低于杏鲍菇正常生长所需的温度时，需要通过增温措施增加热量，维持适宜的温度。南方地区的加热负荷不大，一般可采用电加热方式，即在空调室内机的出风口加装一些电热棒。北方寒冷地区一般采用热水供暖系统。其是由热水锅炉、供热管道和散热翅片等组成的。水通过锅炉加热经管道进入散热翅片，加热空气，冷却后的水循环回流到锅炉重复加热。有的企业利用灭菌柜排出的废气以及灭菌后菌包冷却时交换的空气作为热源，也不失为一种节能的好方法。

第二节
光照环境及调控

光照在菌菇的生长发育、形态建成和生理代谢过程中发挥着极其重要的作用。菌菇虽然没有叶绿素，不像绿色植物那样需要有充沛直射的太阳光来进行光合作用，但除了少数种类如双孢蘑菇、大肥菇以及在地下发育的块菌，可以在完全黑暗的条件下完成其生活史外，大多数菌类在生活环境中还是需要有一定量的弱散射光的。

对大型真菌的光感系统和光控作用机制的研究探索目前还是比较初步的。最早一段时间，人们的注意力主要集中在真菌模式种——粗糙脉孢霉的研究上，从中发现了 3 种能感受和传递光信号的光受体蛋白：蓝光受体、红光受体和视紫红质，其中含有 LOV 结构域的蓝光受体蛋白有wc-1、wc-2 和 VIVID 蛋白。近年来这方面的研究工作已经逐步扩展到一些常见的食药用菌品种上。例如福建农林大学闫苗等开展了编码杏鲍菇蓝光受体蛋白 wc-1 的基因的克隆与原核表达研究。

对于光效应的作用机制有比较一致的看法：菌菇通过光受体感受并传递光信号，激活下游基因的表达，经细胞分化的机制转换，促进菌菇内部的生化反应及结构功能改变，最终完成一系列的生理代谢和组织器官建成。

一、光照对杏鲍菇菌丝体生长的影响

杏鲍菇在菌丝生长阶段对光的反应比较敏感。在有散射光的条件下，菌丝的生长速度比黑暗中生长减慢，而且光照越强，生长越慢，当光照度达到 3 000lx 时，菌丝每天的生长量只有黑暗下的一半。

此外，不同光质对菌丝的生长速度影响也有区别。研究表明，短波蓝光(390～455nm)对杏鲍菇菌丝的抑制作用最强，绿光(492～577nm)和黄光(577～597nm)次之，红光(622～760nm)抑制作用最小，因此，在菌包培养阶段一般不需要安排光照，或者仅安排红光作为作业时的安全工作灯光即可。

二、光照对杏鲍菇子实体生长的影响

光照对真菌子实体生长阶段的作用影响类似于植物的光形态建成。所谓光形态建成是植物依赖光控制细胞分化、结构和功能的改变，最终汇集成组织和器官的建成，又称为光控发育。光照在真菌子实体生长发育阶段的主要影响：①诱导原基形成。杏鲍菇在营养生长转向生殖生长的过程中，若给予完全黑暗条件，则虽有菌丝扭结，但很难形成原基。若给予一定量的散射光，可以加快菌丝倒伏（呈匍匐状态），加快形成原基。②促进菇蕾分化。在缺乏光照的情况下，原基分化慢，现蕾少，不能形成菇盖，如能给予一定量的蓝白光照射，则分化明显加快，菇蕾数增加，还可以减少菇皮上现蕾的现象发生。③制约菌柄伸长。一定量的光照射可以调节和控制杏鲍菇的菌柄长度。蓝光能抑制杏鲍菇菌柄的伸长而形成矮粗形态，而红光却能促进菌柄伸长。④影响菌盖展开。给予适量的蓝光会使菇体健壮、菇盖增大、菌肉变厚、组织紧密、口感和风味得到改善。⑤促进色素沉积。较多的光照可以使杏鲍菇的菌盖颜色变深，形成漂亮的纹理。⑥增加营养含量。某些颜色的光照射对杏鲍菇中的可溶性蛋白、总糖含量会有影响。

1. 光质的影响 不同的光质处理对杏鲍菇子实体生长发育影响的差异很大。在完全黑暗中，菌丝扭结时气生菌丝多，形成原基的时间显著拖长，菇蕾分化差，几乎形成不了菇盖，子实体瘦弱，生物学效率极差。而在有光照的情况下，不同光质处理的杏鲍菇菌丝均可扭结形成原基，但形成时间和菇蕾形态有差别。蓝光处理的原基分化最早且数量多，后期的菇体形态呈现为菇柄短、菇盖大、颜色深。而红光处理则相反，原基形成慢，菇蕾分化差，后期菇体瘦长，几乎无菌盖，颜色浅。黄光、白光处理介于两者之间。从形态、品质和产量来看，蓝光处理对子实体生长发育和增产效果的影响最为显著，而白光处理的综合品质最佳（表5-1）。

表5-1 不同光质对杏鲍菇子实体生长的影响
（引自艾柳英，2018）

光质	原基形成时间（d）	原基数量	出菇时间（d）	子实体重量（g）	生物学效率（%）
黑	6.75ABab±0.45	极少	17.88Aa±0.13	13.08Bb±0.64	27.53
白	6.25ABbc±0.28	较多	15.73Bc±0.27	20.57Aa±1.18	43.30
黄	6.25ABbc±0.37	较多	15.70Bc±0.26	11.24Bb±1.96	23.67
红	7.38Aa±0.42	少	17.17Ab±0.17	13.92Bb±1.21	29.30
蓝	5.73Bc±0.24	极多	15.67Bc±0.29	19.76Aa±0.19	41.60

（续）

光质	菌柄长 （cm）	菌柄直径 （cm）	菌盖直径 （cm）	菌盖厚度 （cm）	菌盖色泽 深浅
黑	7.31ABab±0.52	1.42Bbc±0.15	1.50Bb±0.12	1.00BCb±0.20	+
白	8.13Aa±0.06	1.65ABab±0.04	2.58Aa±0.21	1.81Aba±0.31	+++
黄	7.97Aa±0.24	1.37Bbc±0.03	2.77Aa±0.30	2.03Aa±0.09	++
红	6.41Bb±0.28	1.13Bc±0.08	1.03Bb±0.17	0.77Cb±0.12	++
蓝	7.57ABa±0.27	1.97Aa±0.16	3.00Aa±0.14	2.04Aa±0.27	++++

注：++++ 表示程度高；+++ 表示程度较高；++ 表示程度低；+ 表示程度较低。同列不同大写字母表示 0.01 水平差异极显著，同列不同小写字母表示 0.05 水平差异显著。

2. 光照度的影响　不同的光照度对杏鲍菇原基形成和子实体生长的影响差别也很大。光照度 50 ~ 500lx，对杏鲍菇的原基形成和子实体生长有明显促进作用。在 1 000lx 的白光照射下，子实体生长迅速，且菌柄的长度和直径比、菌盖的直径和厚度比都较为适宜。试验证明，光照度过小（5 ~ 10lx）会明显影响产量，过高的光照度（2 000lx）会引起子实体畸形和菌盖发黑。杏鲍菇的最适光照度为 100 ~ 180lx。

光照在杏鲍菇的出菇生长过程中起着重要作用：前中期光照具有促进扭结分化、减少气生菌丝生长及减少皮上现蕾菇的作用；若出菇中前期保持垂直料面的光照度为 25 ~ 30lx，后期（选蕾及采菇）减弱光照度至 10lx 以下，可以有效减少菌皮及提高生物学效率。

3. 光时的影响　不同菇类需要的光照时间是不同的。有的只需几分钟，有的需要几十分钟甚至几十小时。Eger 报道，平菇在 20 ~ 1 500lx 光照度下，每天只需要不低于 15min 的光照，菇蕾就能正常生长。而绣球菌在子实体形成阶段，每天需要接受长达 10h 的光照射（1 000lx）。

自然条件下的食用菌是在白昼黑夜的轮替中生长的。但在人工模拟环境中，并不需要以 24h 为一个光周期。工厂化生产的实践表明，采用明暗交替的间歇式光照方法，即给予一段较短时间的光照后，随即给予一段黑暗期，这样反复处理，即使曝光时间很少，也可以达到连续光照的类似效果，这样就大大提高了光能的利用率，降低了能源消耗。试验表明，杏鲍菇栽培可以采用光照 1h 黑暗 1h 的间歇性光照。

三、菇房的光源设置和调控

光照环境的调控是指根据菇类品种及生长发育需要，采取一定的措施，调节光照条件，创造良好的光照环境，以促进菌物的生长发育。强烈的直射太阳光对于只需弱光的杏鲍菇来说是有害无益的，而且对于采用密闭围护的工厂化生产而言，只需要考虑人工光源的利用。

1. 光源选择　主要从功效和节能两个方面考虑：

（1）荧光灯。荧光灯是一种低压气体放电灯，玻璃管内充有汞蒸气和惰性气体，管内壁涂有荧光粉，光色随所涂荧光材料的不同而异。管内涂有卤磷酸钙荧光粉时，发射光波长为 350 ～ 750nm，比较接近太阳光。荧光灯光谱性能好，发光效率较高，功率较小，成本相对较低，而且自身发热量较小，可以贴近菌物照射。但荧光灯照射时，灯管顶部和侧面会散射出较多的光，相应地减少了照射到菌体的光源能量，因此，最好在灯管上部加装反射铝箔。此外，由于出菇房湿度较大，普通荧光灯的桩脚和镇流器极易受潮而发生故障，影响使用寿命，因此要加装防潮保护装置。目前不少市售的防潮灯罩不但价格高，而且光衰减厉害。建议选择透明的空心聚碳酸酯管套在灯管外，两头用橡皮塞塞紧，较为安全实用。

（2）LED 光源。近年来，LED（发光二极管）光源在食用菌工厂的应用中已非常广泛。与普通荧光灯相比较，LED 光源具有如下优点：①单色光，可根据栽培对象的不同需要自由选择红、橙、黄、绿、蓝等单色光源，或进行组合利用，可提高菌体对光能的吸收利用效率。②冷光源，可以实现对菌物的近距离照射，而且不会导致出菇房内的温度波动。③节能好，在同样光照情况下，LED 的耗电量是白炽灯的 1/8，是荧光灯的 1/4。④寿命长，LED 灯用环氧树脂封装，是一种全固态结构，耐冲击、震动，使用寿命高达 50 000h 以上，是普通光源的数十倍。⑤无污染，荧光灯等人工光源中含有危害人体健康的汞，在使用和报废过程中会造成环境污染，而 LED 是清洁光源，不会对环境造成污染。⑥规格多，有硬性的灯条、软性的灯条，有大功率的照射灯，也有不同颜色的组合光源等，随着技术的不断进步，价格也在不断下降。

2. 光源布置　安装光照系统要考虑许多影响因素，例如菇类品种、光照度、菇房高度、灯具形状等。另外，灯具与菌菇之间的距离也是影响栽培区域光照度和光分布的一个重要因素。为保证菇房菌物生长整齐，光照度的均匀率应大于 0.7。采用网格墙横卧栽培模式的，可将光源（荧光灯或 LED 灯条）安装在两个菇架之间走道的中央上端，走向与菇架平行。采用床架式直立栽培模式的应在每层床架上方安装灯带。

3. 光色配置　目前不同市场、不同生产者对杏鲍菇的外形、大小、级别的掌握尚有很大分歧，因此对栽培过程的环境系统配置和调控方法差异也很大。在照明的光色选择上，有选用单色光源的（多为蓝色或白色），通过控制光照量和光照时段来达到目的；也有选用多色光源的（如蓝／白／红），在不同时段变换使用不同光色，如在扭结分化阶段使用白光 LED，菇柄拉长阶段开启红光 LED，采收前 1～2d 用蓝光 LED 进行照射，以使菇形饱满匀称，产量提升。

第三节
湿度环境及调控

水是生命起源的先决条件，也是菌体细胞的重要组成成分。杏鲍菇组织内的水分占其鲜重的 85%～90%。水还是代谢过程的反应物质，在呼吸作用以及许多有机物质分解和合成的过程中都有水分子参加。菌体内各种生理生化过程，如各种营养元素的吸收、运输，以及气体交换也都以水为介质。水有很高的汽化热和比热容，真菌能够通过水分的蒸发散热来调节体温。

食用菌生长所需的水分主要来自两部分，大部分是培养料中所含的水分，一小部分是空气中所含的水分。通常讲的空气湿度就是空气中的含水量，这里着重论述工厂化人工环境中的空气湿度问题。由于菇房的密闭性较好，且空间相对较小，气流相对比较稳定，因此湿度条件一般较好。这有利于菌物的生长发育和品质改善，但也容易因此而发生病害。

一、空气湿度对杏鲍菇生长发育的影响

空气湿度对杏鲍菇的营养菌丝生长、子实体的原基形成和发育有着很大影响。

首先，空气湿度影响着培养料和子实体的水分蒸发，并且水分蒸发量与空气湿度呈负相关。

在杏鲍菇营养生长阶段，空气相对湿度太低，就会使培养料水分散失加快，尤其料面水分散失更快，容易使刚接入的菌种因干涸缺水而不萌发，或者已经萌发定植的料面出现萎缩。相对湿度太高，又容易引起接入菌种的污染率升高。

在杏鲍菇生殖生长阶段，子实体完全或部分暴露在外部环境中，催蕾期如发生料面过干，会直接影响菌丝的扭结分化；子实体生长期菌体表面依靠水分蒸发产生蒸腾拉力，将基质中菌丝积累的营养输送到子实体部分，供生长发育所需，若空气相对湿度太高，蒸腾拉力偏小，会使营养输送受阻，同时呼吸作用受到抑制，造成子实体停止生长；若空气相对湿度太低又会使菌体蒸腾速率加快，严重时导致培养料中的水分供应不足，菌体干瘪，细胞缩小，气孔率降低。

其次，湿度是菌菇病害发生的重要影响因素。高温高湿的环境容易引发各种侵染性病害，最常见的就是因为库房内高湿而在杏鲍菇子实体表面形成水膜，导致假单胞杆菌侵害发生烂菇；湿度过低的环境则容易

造成杏鲍菇子实体表面爆皮，发生干裂等生理性病害。

二、菇房的湿度调节和控制

1. 加湿　主要有超声波加湿、高压微雾加湿、二流体加湿等方法。

（1）超声波加湿。利用超声波加湿器，以每秒200万次的超声波高频振荡，将水雾化为直径1～5μm的超微粒子和负氧离子，通过风动装置，将水雾扩散到空气中，使空气湿润并伴生丰富的负氧离子，达到均匀加湿的目的。超声波加湿器有固定式和移动式两种，可以根据需要灵活选用。很多企业的培养房一般不配用固定加湿器，需要时动用一两台移动式加湿器完成作业即可。

（2）高压微雾加湿。利用高压微雾加湿器（图5-2）的高压柱塞泵将经过处理的水加压至7MPa，然后通过高压管道传输到均匀分布于加湿环境的雾化喷嘴；高压雾化喷嘴将水雾化为直径3～5μm的微小雾粒喷射到加湿空间，每秒钟可产生50亿个微小雾粒。水雾飘浮在空气中并与空气进行热湿交换而汽化成为水蒸气，使环境湿度得到提高。

图5-2　高压微雾加湿器

（3）二流体加湿。利用二流体加湿器，采用真空虹吸原理，生成两级雾化的超细薄雾。二流体加湿器是将自来水和压缩空气送至控制箱调压处理后供给特制喷头一起喷出，利用空化效应使水雾化达到加湿目的。在两级雾化系统中，水从中心孔喷出，实现第一次雾化；再与从旁边喷孔出来的空气完全混合，实现第二次雾化。根据需要调节水和气的压缩比，获得最佳的喷雾效果。二流体加湿器的雾化颗粒直径一般控制在 5 ~ 10 μm，平均值为 7 μm，雾化颗粒的均匀性很好。

·温馨提示·

需要强调的是：采用超声波加湿器、高压微雾加湿器或二流体加湿器进行加湿，所用水都必须是经过超滤的纯净水，否则使用不久就会因为水垢而引起振动片失效或喷嘴堵塞。

采用瓶栽生产模式的生产企业一般都会在栽培房内安装加湿系统。而很多袋栽模式的生产企业，却较少使用这类先进的加湿系统，通常只是通过向地面浇水蒸发的方法来增加菇房的湿度。实际效果反映也不错。其中的原因：首先，原生态的杏鲍菇产于较干旱地区，其习性特点是耐干不耐湿；其次，袋式栽培的套环口面积很小，与外界的空气交换少，培养结束后不进行敞盖搔菌，仅拉长袋口透气，所以袋内失水量较少。

2. 除湿　杏鲍菇工厂内的除湿可以采用通风换气、加温除湿和设备除湿（热泵除湿）等方法。

（1）通风换气。食用菌工厂内造成高湿的主要原因是密闭。在外界气象条件允许的情况下，采用强制通风换气来降低菇房内的湿度是最可行的方法。通风换气量的大小与栽培对象的蒸发蒸腾大小以及室内外的温湿度条件有关。

（2）提温降湿。菇房内的相对湿度在一定条件下与菇房内温度呈负相关。因此，适当提高菇房内的温度也是降低房内相对湿度的有效措施之一。提温的幅度，首先要考虑栽培对象需要的温度，其次以子实体不结露为宜。

（3）热泵除湿。热泵除湿干燥机利用外界空气能做热源，原理如同空调反装，干燥空气在干燥室与热泵除湿干燥机间进行闭式循环，它利用热泵除湿干燥机的制冷系统使来自干燥室的湿空气降温脱湿，当湿空气流经热泵蒸发器时，内部的低压制冷剂吸收空气的热量由液态变为气态，空气因降温而排出其中的大部分凝结水。据研究，利用热泵除湿，一般可使夜间室内湿度降到 85% 以下。热泵除湿机具有降温除湿、调温除湿、升温除湿、制热、自动除霜等多种不同的运行模式，而且室外换热器还可以采用风冷和水冷等不同形式，因此其调节范围很大。

第四节
空气环境及调控

一、空气条件对杏鲍菇生长发育的影响

菇房内的空气条件包括空气成分和空气流动（风）两部分。

1. 空气成分对杏鲍菇生长发育的影响　食用菌大多是好气性生物，O_2 是其生长发育必不可少的。在其呼吸过程中，O_2 的消耗量和 CO_2 的生成量是相当的。两种气体的构成比例随呼吸量而变动。因此在空气指标的测定上，基本以 CO_2 浓度为代表值。在已实现工厂化栽培的食用菌品种中，杏鲍菇是对 CO_2 浓度高敏感度的菇种。据测试，发育中的子实体对 CO_2 浓度的敏感度为杏鲍菇＞真姬菇＞金针菇＞滑子菇。此外，同一菌株的不同发育阶段对 CO_2 的敏感度也有差异，表现为子实体发育阶段＞子实体原基形成阶段＞营养生长阶段。但在 CO_2 敏感度较低的营养生长阶段和子实体原基形成阶段，菌体 CO_2 的生成量却是较高的；而对 CO_2 敏感度较高的子实体发育阶段，菌体 CO_2 的生成量却是较低的。实践中人们还发现，在杏鲍菇的培养阶段，较低浓度的 CO_2 有助于提升满袋率，加速菌包的后熟；而在出菇阶段，较高浓度的 CO_2 可诱导子实体分化，促进菌柄伸长，抑制菌盖展开，但是超过临界浓度，子实体就会粘在一起，菌柄和菌盖出现畸形。因此，在杏鲍菇子实体塑形期，菌盖的调整主要通过调节 CO_2 浓度并结合湿度的调控而实现。以上这些特征足以说明杏鲍菇栽培中通风换气的管理是非常重要的。

2. 空气流动对杏鲍菇生长发育的影响 空气流动形成的风对菌类与系统环境内的水、热、气交换和均衡有着重要作用。例如，在培养阶段，培养架间良好的通风能及时带走菌包散发的高热量，避免"烧菌"的发生。在出菇阶段，风在很大程度上调节菌菇体表的蒸腾作用，影响子实体细胞间的水分泄出，从而影响子实体的水分平衡。衡量空气流动的指标主要是风速和风量。食用菌栽培中，生产者往往给出的要求是"大风量，低风速"。

风量大小与换气量调控有关，而风速快慢则与温湿度调控有密切联系，所以空气调节和控制是菇房环境设施配置的重要环节。

二、菇房的空气调节和控制

1. 菇房内外的通风换气 通风换气有自然和强制两种。自然通风是利用室内外温差造成热压或自然风力造成风压形成空气对流；强制通风是利用风机旋转动力造成室内外空气压力差而实现通风换气。

（1）自然通风。"风无去路不来。"自然通风是利用空气对流的原理，在菇房设置进气窗和排气窗，形成风路。一种是热压对流通风，即利用进气窗和排气窗的垂直高差进行通风。高差越大，效果越好。因此在屋脊和侧墙底部都设置通风口的菇房，其换气效率最高。另一种是风压对流通风，即将进气窗设置在迎风面、排气窗设置在背风面。换气窗一般采用齿轮齿条机构或推杆式机构带动窗户开闭。笔者曾参观过韩国的一个大型菇厂，其培养房高达十几米，房顶设计成斜面，屋脊开窗排气，侧墙开洞进气。发菌堆垛高达 20 多层，码成一个仓板 8 筐的井字形中空垛。中间形成空筒自然拔风（烟囱效应），整个设计布局虽然不起眼，但却是颇费功夫、匠心独运的。

（2）强制通风。强制通风是依靠风机旋转动力促使空气流动而实现通风换气的方式。由于其可以根据对象要求比较准确地调节菇房的通风量，一般的工厂多采用这种方式。强制通风分为负压通风、正压通风和等压通风3种。负压通风又称排气式通风，它是利用风机把菇房内的空气强制性地排出室外，使室内空气压力小于室外空气压力，室外空气通过进气口进入室内，实现菇房内外的空气交换。负压通风结构简单、费用省、管理方便。正压通风又称进气式通风，它是利用风机强制性地将室外空气送入室内，使室内空气压力大于室外空气压力，室内空气通过排气口排出室外，实现菇房内外的空气交换。正压通风适合与空气的预冷预热结合起来使用，但结构复杂、管理要求高。等压通风又称进排气通风，其同时采用机械送风和排风，功能可靠，但投资及运行费用较高。

2. 菇房内的循环通风　食用菌工厂化生产十分讲究菇房环境的均匀性。其密集式摆放和立体化栽培很容易发生垂直方向或水平方向上的各类环境因子的误差。例如，一旦通风不够，菇房内各个位置不但温度不均衡、空气分布不均匀，而且菇房内部空气处于停滞状态，菌物的生理活动（蒸腾作用、呼吸作用等）却仍持续进行。此时，自气孔逸出的水蒸气会紧贴子实体形成一层包裹性的边界水汽层，这层薄薄的水汽层虽然眼睛不易看见，但是却能够阻挡菌物体内水汽持续排出，因此严重阻碍了菌物的蒸腾作用，并且连带造成其他影响，例如呼吸作用的不畅。而蒸腾作用进行不顺利，又会影响根部水分吸收与养分的摄取。在停滞的空气环境中，形成的边界水汽层还容易造成子实体表面结露，形成水滴，引发病害。因此室内空气停滞，会给菇房内部的菌物生长带来极其不利的影响。为解决上述问题，菇房内应该配置内循环通风系统。比较常见的内循环通风有三种类型：

（1）侧排式风机通风。悬挂于菇房顶板上，空气自底部风扇吸入，由两侧排出，形成内部上下层空气的对流，而且风速风量可以调节，但影响范围比较有限。比较适合在栽培房的床架和走道上方配置。

（2）分布式风筒通风。菇房上部悬挂等距离开洞的PVC硬质塑料管或软质塑料管，封闭一端，另一端与压力型风机相连，利用风机压力将气体送入管道，管内气体通过各个开口射入房内。此种方法布风均匀，兼顾范围较大，比较适合大面积的培养房。

（3）夹道式通风。利用两道栽培墙之间竖直穿堂的狭窄立体空间，巧妙地进行三个维度的布局组织：在菇房一面墙壁顶部安装侧吹的压力型风机，并且沿送风方向在全房间水平铺设两层遮阳网，气流顺着遮阳网吹到对面山墙后减弱，再顺着两座栽培墙架的中间通道折返而回，此种方法比较适合风速要求较低的墙式栽培品种。

菇房新风机和新风预冷通道分别见图 5-3 和图 5-4。

图 5-3　菇房新风机　　　　　图 5-4　菇房新风预冷通道

第五节
环境多因子的复合调控

人工环境作为菌物生长的生命支持系统，是食用菌工厂化技术中最为核心和关键的部分。其涉及诸多学科领域的技术集成，包括计算机技术、信息技术、自动化控制技术、新材料技术、建筑工程技术、暖通工程技术、制冷工程技术等彼此的协同配合。这个系统主要由三个部分组成。①以各式传感器为中心的环境数据检测监控装置；②以计算机或可编程逻辑控制器（PLC）为中心的环境调节控制系统；③以制冷、光照、加温、加湿、通风等各种设施设备组成的执行机构（该部分内容将在后面章节详述，此处不作介绍）。

1. 环境数据检测监控装置　比较主要的是担负信息采集的各式传感器。如温度传感器中，比较常用的有热电偶温度传感器、热电阻温度传感器、热敏电阻温度传感器及半导体集成温度传感器；在湿度传感器中，比较常用的有电阻式湿度传感器、陶瓷湿度传感器以及氧化铝薄膜湿度传感器等新型湿度传感器；在光照传感器中，比较常用的有光电管、光电倍增管、光敏电阻、光敏晶体管；在 CO_2 浓度传感器中，有气敏电阻 CO_2 浓度传感器、电化学 CO_2 浓度传感器、红外 CO_2 浓度传感器、阻抗型压电 CO_2 浓度传感器等，较多使用的是红外 CO_2 浓度传感器。

2. 环境调节控制系统　主要有两种类型，一种是自动化的单因子控制组合，控制箱有多个输出控制通道，控制值通过面板按键进行设定，微控制处理器将环境测定参数的设定值和检测值比较，由中间继电器控制制冷、光照、加温通风、加湿等设备执行机构，实现对温、光、水、气、湿度的调节控制。在控制方式上，温度采用触点控制，湿度采用脉冲宽度调制（PWM），光照和 CO_2 采用定时分档控制。目前国内大多数企业基本采用的都是这种单因子控制系统，只不过是将其收纳集中在一个控制箱内。

另一种是智能化的多因子复合控制系统。在食用菌栽培中，温、光、水、气、湿度是最重要的生态因子，它们对食用菌生长的影响往往呈现一种交互作用，比如，通风同时会影响温度波动和湿度变化，因此以时间、限值为设定目标的单一因子控制对大规模的工厂化生产来说就显得很不适应。发展智能化的多因子复合联动控制系统已成为必然趋势，目前一些发达国家有不少企业应用。其将菌物在不同生长发育阶段要求的适宜环境条件编制成程序输入电脑，环境数据采集与控制系统通过输出通道与上位机连接，当某一环境因子需要发生改变时，电脑会指示其余因子自动作出相应修正或调整。一般以温度条件为始变因子，湿度、光照、CO_2 浓度为随变因子，使这 4 个主要环境因子随时处于最佳配合状态，创造出菌物最佳的生长环境。

在智能化多因子复合控制方面，目前国内企业还有很长的一段路要走。除了硬件配置以外，还要建立起包括真菌生长模型和栽培环境模型在内的数字化模拟系统。近年来，不少单位已在这方面组织力量开展工作。例如，中国农业科学院胡清秀等采用生长度日法对杏鲍菇的生长模型进行研究，建立了杏鲍菇子实体长度的生长变化模型和子实体菌盖的生长变化模型，为构建反映杏鲍菇生长发育规律的虚拟生长模型奠定了基础。还有不少单位着力研究各个环境因子对杏鲍菇生长及品质的影响，从而为其寻求最佳生长环境，以及建立完善的杏鲍菇栽培环境调控机制作出有益的探索。

第六章　工厂化的生产装备

　　"工欲善其事，必先利其器。"生产装备是构成生产力的重要物质基础，是生产力赖以生成和发挥的硬件支撑。装备的质量和数量，往往决定了企业的生产规模、技术构成、作业方式和工作效率。食用菌工厂化给农业生产带来的另外一个突出变化，就是普遍采用高效的机械装备和作业技术，替代传统低效的手工作业方式，从而大大提高了劳动生产率。

第一节
主要生产设备

　　杏鲍菇瓶栽模式的生产设备，基本与原有瓶栽金针菇的工艺装备通用，因而自动化生产水平较高。国内袋栽模式的装备水平原本相对比较落后，但随着近年来不少新型高效设备的陆续问世，这方面也有了很大改观。

一、瓶栽设备系列

　　日本发明的塑料瓶栽培模式，可以说开创了木腐菌工厂化生产的先河。在近半个世纪的探索实践中，已经有金针菇、真姬菇等许多菇类品种借此获得成功，不仅丰富了相关的栽培工艺技术，还推动了专用设备的长足进步。在 20 世纪 80 ~ 90 年代，日本企业研发的瓶栽设备，以它的精准性和稳定性成为有关企业竞相采用的不二之选，而 21 世纪初，韩国研发的新一代自动化瓶栽生产设备，又以突出的高效率和优异的性价比逐渐赢得了国际市场的青睐。我国改革开放以后，通过学习引进仿制和吸引外资企业来华投资办厂，使国内瓶栽设备的生产开始接近和赶上了国际水平。

　　1. 自动装瓶机　　自动装瓶机（图 6-1）设计采用多工位级进模加工方式，可一次性连续完成送筐、装料、压紧、打孔、加盖 5 道工序的作业过程，做到入料顺畅、装料均匀、松紧适度、装量误差不超过 5%。每小时作业量达到 10 000 瓶，比原有设备提高效率 2 ~ 3 倍。控制系统由可编程逻辑控制器（PLC）、数据采集单元及执行机构等组成。设备运行

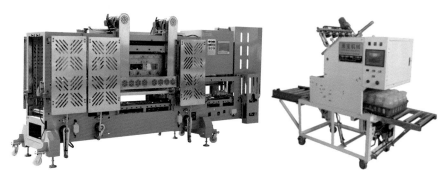

图 6-1　自动装瓶机　　　　　图 6-2　自动固体菌种接种机

过程中，PLC 根据数据采集单元采集到的信号和设定的参数，并参照经验运行数据，输出信号指示执行机构动作，控制设备运行，满足系统要求。控制屏采用人机界面触摸屏，设有手动和自动两种挡位，进行设备的开关、设定、调整操作，并可实时显示设备的机械动作、运行状态、停机报警和故障诊断信息。利用 5G 电话连通互联网，可以在世界各个角落监视设备的运行状况或者指导维修排障，实现远程控制。

2. 自动接种机　有固体菌种接种和液体菌种接种两种方式。

（1）自动固体菌种接种机。主要由种瓶稳压旋转机构、挖菌刀进退旋转机构、接菌漏斗及闭启机构、菌瓶启盖和压盖机构、菌瓶限位机构、机架、输送链和控制系统组成（图 6-2）。准备接种的瓶筐工件随输送线到达预定位置，固定后由启盖机构打开首排 4 个栽培瓶的瓶盖，上部的菌种瓶随机构自转，旋刀挖下一定量菌种后经料仓落入栽培瓶，完毕后瓶子合盖工件前移，进行下一排（4 瓶）接种。全筐接种完后随输送链移出，同时安排下一工件进入。菌种瓶更换由人工辅助进行，每小时可接种 4 800 瓶。

（2）自动液体菌种接种机。结构简单，设备主要由瓶盖启合机构、接种喷液机构、瓶筐输送机构和机架组成（图 6-3）。作业时先由瓶筐输送机构将瓶筐工件送至工位定位夹紧；接着瓶盖启合机构动作，采用偏心轮带动连杆升降的夹盖装置夹紧瓶盖实施垂直启盖。随之接种喷液

图 6-3　自动液体菌种接种机　　　　图 6-4　搔菌机

机构的两边喷头相向往中央水平移动，定位后向瓶内喷射菌种液，接种头喷射量采用电磁阀控制，间歇时间为 0.01～90s，可调。液体喷射呈 75°扇形角度均匀散布。接种完成后接种喷液机构向两侧水平后移退出。由瓶盖启合机构完成垂直合盖作业后送出工件。该接种机效率很高，每小时接种能力可达 10 000 瓶。装备采用了光、机、电、液、气等技术组件，在优化配置的前提下实现总体集成。控制系统采用 PLC（可编程逻辑控制器）技术替代继电器和接触器，可实行人机对话、状态监控和故障诊断，使用者可利用 5G 电话连通互联网，在现场及时向设备商咨询设备应用和维修排障方面的问题，因而大大方便了使用。

3. 自动搔菌机　由除盖机构、供筐机构、压紧翻转机构、搔菌装置和出筐机构组成（图 6-4）。作业时，瓶筐工件随滚筒输送链经除盖机构去除瓶盖后继续向前，遇停止板限制转入待机状态，供筐机构指令液压缸驱动推板将工件送入预定受筐位置，压紧翻转机构的凸轮连杆装置带动瓶肩压板降下套入栽培瓶颈部，压紧瓶肩实施 180°翻转，使瓶口垂直向下，搔菌装置的刀刃随即向上旋转升起，对应伸入瓶口，刮除表层料面，完成后机构向上翻转，松开夹板，送出工件。压紧翻转机构上部进筐和下部搔菌可同时进行，动作紧凑。每小时作业量可达 8 000 瓶，菌面平整，深浅一致，不留残料。

4. 自动翻筐机　瓶栽杏鲍菇一般采用倒立发芽工艺，因此搔完菌的菌瓶瓶口要倒置向下。自动翻筐机（图6-5）设计与上述全翻式搔菌机近似，搔完菌的瓶筐随输送线流经工位，在其上部倒扣一只空筐，送至受筐位置后机构夹紧进行180°翻转，使得上下筐互换完成瓶口的倒置。

图 6-5 自动翻筐机

5. 自动采收机 日本食用菌界的两家大企业，北斗和雪国株式会社都已研发成功杏鲍菇自动采摘设备。主要由感知系统、控制装置、驱动单元和操作机（机械手）组成，操作机具有和人手臂相似的动作功能，"手腕"部分拥有 2～3 个回旋自由度，可以灵活调整末端执行器的姿态。"手爪"能模仿人手张开合拢挟持，有很好的柔韧性，会使出软硬劲握住待采子实体，轻轻摇动使菇体和基质分开，随之迅速拔起放入输送线。

6. 自动挖瓶机 自动挖瓶机（图6-6）主要有气动清瓶和机械清瓶两种。气动粉碎式挖瓶机主要由控制机构、送筐机构、压紧翻转机构、喷气粉碎装置、废料收集装置以及储气罐组成。作业时送筐机构先将瓶筐工件送至作业位置定位，压紧翻转机构落下压板固定瓶颈防止松动，然后180°翻转使瓶口向下，喷气粉碎装置的喷嘴随即向上移动对准相应瓶口伸入，瞬间喷出压缩空气使得瓶内废料破碎，呈自由落体落入废料收集装置。工件翻转复原送出，完成作业。该设备能一次同时清除16瓶菌瓶内的废料。每小时作业量达到

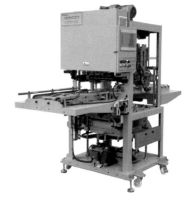

图 6-6 自动挖瓶机

5 500 瓶，省工省时，除料干净。机械式挖瓶机结构与气动粉碎式挖瓶机大致相同，只不过是以机械挖刀替代喷气粉碎装置。由于杏鲍菇收获后留在瓶内的废料比较紧实，一般机械清瓶不彻底，故生产企业较多选用气动粉碎式挖瓶机。

二、袋栽设备系列

袋式栽培中使用软质塑料袋来装填培养料，由于其在加工、运输过程中会发生较大形变，这就给以标准化为前提的机械设备作业带来很大困难。20 世纪八九十年代，在有关设备厂家不懈努力下，研制生产出包括拌料、装袋、接种等在内的多种机械设备，替代了旧有落后的人工作业方式。21 世纪以来，为了适应工厂化的规模发展，装备企业又花大力气研发新型高效自动化生产设备，多款国产自动装袋机、自动接种机（液、固）相继问世并列装生产使用。下面选择部分加以介绍：

1. 机械式冲压装袋机　机械式冲压装袋机（图 6-7）转盘上均匀分布 8 个敞口落料筒，转盘在中心轴带动下按节拍间歇运动，每次转动 45° 依次完成 4 道工序。首道套袋，由人工依次在经过的加料筒上套塑料袋；次道装料，套上袋的加料筒转到料仓底下时，料仓中的拨料杆

图 6-7　机械式冲压装袋机

把培养料通过料筒拨入塑料袋中；三道压料打孔，带压盘的打孔杆对袋料压紧打孔；四道卸袋，压成一定高度的料袋转到工位后，夹袋机构松开，料袋落入下转盘，由人工取袋、套环和加盖。该设备每小时生产700～1 000袋（4～5人），结构简单、经济实用。单机很适合小型工厂使用。中大型企业则可以根据需要，将若干台设备组合起来，和供料、输送系统连接，形成专门的生产线，效果更为理想。

2. 自动化装袋加盖装筐机 国内已有多家企业成功研制出自动化装袋加盖装筐机（图6-8）。如福建漳州益利食用菌机械有限公司推出的自动一体化机，采用先进的转盘式多工位级进系统，由PLC控制，能连续完成取袋、张袋、套袋、装料、压紧、打孔、收口、套环、翻袋、加盖、装筐等一系列动作，入料标准，打孔垂直，料袋贴合，合盖紧实，每小时作业量可达到2 200袋，节约5～8个劳动力。

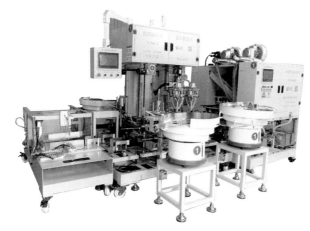

图6-8 自动化装袋加盖装筐机

3. 自动袋栽液体菌种接种机 由PLC控制系统、菌包定位机构、盖塞启合机构、种液喷射机构、输送机构及机架组成（图6-9）。作业时，输送机构将袋筐工件送至规定位置；菌包定位机构中各组对应的一对<>形的定位板相向合拢将菌袋套环夹紧固定，盖塞启合机构将塑料盖拔起，种液喷射机构的多个喷头下落伸进菌袋喷射菌液，完成接种后喷

图 6-9　自动袋栽液体菌种接种机

头回复原位，盖塞启合机构完成盖塞动作，菌包定位机构解除夹紧，工件随输送链送出，作业完成。该设备自动化程度高、接种量均匀、感染率低，大大减少了用工数量，每小时作业量为 3 500 袋左右。

三、通用生产设备

1. 大型拌料机　大型拌料机规格形式较多，但主要以单螺旋或双螺旋搅龙为主。设备由搅拌槽、搅龙、减速系统、加水机构和出料机构等组成（图 6-10）。作业时由电机 - 皮带轮驱动，经多级齿轮组逐级减速，最后传递给主轴带动固定在支撑杆上的钢制螺旋状搅龙转动推送物料完成搅拌；终末输出转速约为 8r/min。搅拌槽前端内壁上方平行安装均匀开孔的径流注水管；搅拌完成后，出料系统根据信号通过推杆打开箱体前下部的放料孔挡板放料。

2. 高压灭菌柜　高压灭菌柜（图 6-11）采用前后双扉设计，灭菌料前进后出，防止污染。作业时利用真空泵反复抽取灭菌柜内的空气形成

图 6-10 大型拌料机

图 6-11 高压灭菌柜

负压，再通入高温蒸汽使其均匀布满柜室腔体，消除"冷空气团"残留造成灭菌不彻底的问题。随后继续升温，在设定的灭菌温度下，维持设定的灭菌压力，保持设定的灭菌时间，达到灭菌目的。然后排放出灭菌室内的蒸汽，对灭菌料进行干燥。该工艺可以极大地缩短灭菌时间，节约能源；同时使灭菌料的加热更加均匀、灭菌更加彻底。

第二节
保鲜包装设备

杏鲍菇的采后处理和品质控制是提高商品价值、满足消费需求的重要环节；而一些先进设备技术的应用可以为延长保鲜期和货架期提供有力支撑。

一、预冷设备

1. 真空预冷机 真空预冷是国际上比较先进的保鲜技术。其技术原理：水的沸点是随着环境气压的降低而下降的。在正常大气压

（101.325kPa）下，水在100℃沸腾蒸发，如果大气压为610Pa时，则水的沸点是0℃。依据这一物理性质，将预冷食品置于真空槽中抽真空，当压力达到一定数值时，食品表面的水分开始蒸发。真空预冷的优点：一是冷却均匀，从组织内部到外表面同时冷却，而其他冷却方式从外到内逐步渗透；二是降温迅速，从25℃下降到1℃，一般只要20min左右；三是保鲜期长，真空预冷处理过的货品一般可以延长40%~80%的货架期；四是真空冷却的失水率一般在3%左右，不会引起果蔬萎蔫、失鲜。真空预冷机由真空仓、捕水器、抽气泵、制冷系统和控制系统组成，既可以固定安装，又可以随汽车拖带移动使用（图6-12）。对菇型较大的杏鲍菇、白灵菇的保鲜处理尤为理想，预冷过的菇体中心温度可以达到1℃左右。同时，配合其他综合保鲜措施，可以有效地保持鲜度、降低腐烂、延长货架期，非常适合出口和国内市场的远途运输。

2. 压差预冷机 或称为强制通风冷却机，是一种普遍应用于水果、蔬菜、鲜切花上的冷却技术。压差预冷降温的方式是强迫冷风进入包装箱内，使冷空气直接与产品接触。其原理是利用抽风扇使包装箱两侧产生压力差，使冷风从包装箱一侧的通风孔进入箱中与产品接触后由另一侧通风孔排出，并把箱内的热量带走。压差预冷有隧道式、蛇形式和冷墙式多种。

图6-12 真空预冷机

二、包装设备

包装工段是食用菌生产中用工最多的环节。目前食用菌生产还不能完全摒弃手工操作，但陆续问世的节省人工的机械化半机械化装备前景看好。

1. 托盘覆膜包装机　杏鲍菇在超市上架一般采用托盘盛放、保鲜膜包覆的形式。日本开发的自动化托盘覆膜线，能完成分选、称量、装盒、覆膜、贴标以及金属异物探测等一系列作业，工作效率很高。

2. 托盘枕式包装机　封口及送膜部分采用 AC 伺服马达，具有很好的稳定性。机器配有防切袋装置，在传感器检测到产品错位时，会自动让过此包进行下一个产品的包装，既免除产品被切的损失，也避免了封口刀具的损坏，从而降低不合格品率，延长机器的使用寿命。另外还配有防空袋装置，当检测器没有检测到产品时，包装机会自动停止封口动作，避免了空袋造成包装膜的无谓浪费。

3. 大袋包装生产线　由负压抽气系统、供料系统、皮带流水线和作业工位组成（图 6-13）。负压抽气系统由真空泵、负压管道、抽气管组成，联通安装至每个作业工位上方。供料系统由皮带流水线将分选整理好的 2.5kg 大袋包装送至工位，用抽气管抽出袋中空气扎紧袋口，装箱。

4. 自动封箱机　能自动完成进料、折盖、上下封带作业，采用先进封箱内胆，压平纸箱突出部分，使胶带贴合于纸箱表面（图 6-14）。两侧马达驱动皮带自动校正、输送纸箱，两侧辅助轮协助机器封箱时中缝不开裂。

图 6-13　大袋包装生产线　　　　　　图 6-14　自动封箱机

第三节
物流输送设备

物流输送设备是工厂化企业的辅助作业手段，对合理组织批量生产和机械化流水作业有重要意义。近年来，新的物流输送设备不断涌现，企业尤其是大型企业的使用率也越来越高，不仅极大地减轻了作业者的劳动强度，还提高了物流运作效率和服务质量，降低了物流成本。

1.堆（卸）垛机械手　装瓶、接种、培养等工序的上下线搬运堆放，都可采用堆（卸）垛机械手代替繁重的手工作业，根据堆垛抓取数量，一般分为3筐机械手、4筐机械手和6筐机械手。堆（卸）垛机械手主要由立柱、抓臂机构、垂直移动机构、水平横移机构、电控装置组成（图6-15）。作业时，装

图6-15　堆（卸）垛机械手

置在立柱上的抓臂机构转到工件上方点位，钳爪在气缸推力作用下打开，下降接触到工件时光电开关输送信号到PLC，此时通过控制气缸带动钳爪将工件紧紧抓住，向上升起平移到所需位置；下降松开钳爪堆放工件；抓臂机构的垂直水平移动，均依靠电机旋转带动链条拉动；由变频器控制电机的转速从而控制抓臂机构作业速度。

2. 上（下）架装载机　以往瓶筐上下床架均由人工作业搬运，工作十分繁重。现已研发出多款上（下）架装载机（图6-16至图6-18）。主要由门架、升降平台机构、链条提升机构、行程倍增系统、推筐机构以及PLC系统等组成。作业时门架与床架之间先行固定契合，控制系统指挥待上架的工件随输送线进入升降平台，装有行程倍增系统的提升机构带动升降平台送至与床架平行的相应位置，平台稳定后推筐机构开始作业将瓶筐工件推入床架，自下而上地逐层完成上架任务。下架机则是反向作业。

图 6-16　上架装载机

图 6-17　下架装载机

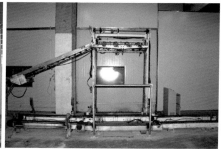

图 6-18　上（下）架装载机

3. 输送线　各式各样的自动输送线（图6-19至图6-21）正在替代人工搬运和手推小车，完成上下道工序乃至车间和整个工厂的物料输送。输送线有辊筒、网带、链条等形式，分流处设有路径岔口装置，可实现平面输送、高差输送、积放输送。工厂内甚至可以形成一个顺畅的闭环

图 6-19 输送线

图 6-20 自动输送线

图 6-21 软输送线

图 6-22 叉车

输送系统。利用计算机控制，根据生产需要自动地将物料以最快速度、最佳路径准确地从一个位置移到另一个位置，完成时空转移，保证设备和生产的高效率运转。

4.叉车 叉车（图6-22）是工厂内常用的运输工具，室外作业可选用柴油动力叉车，但菇房培养区内则应选择电动叉车，以减少污染。很多企业为了提高菇房利用率，往往采用大空间、高叠位的养菌方式，每摞叠放18～20层的床架，堆高可达10m甚至更高，因而需要选用高位叉车作业。

第四节
辅助配套设备

1. **压缩空气站**　根据需要，大型企业一般都配有压缩空气站（图 6-23、图 6-24）。主要设备螺杆式压缩机气缸内装有一对互相啮合的螺旋形阴阳转子，两转子都有几个凹形齿，两者互相反向旋转。螺旋转子凹槽经过吸气口时充满气体，当转子旋转时，转子凹槽被机壳壁封闭，形成压缩腔室，将润滑剂喷入压缩腔室，可以起密封、冷却和润滑作用。当转子旋转压缩润滑剂＋气体(简称油气混合物)时，压缩腔室容积减小，向排气口压缩油气混合物。当压缩腔室经过排气口时，油气混合物从压缩机排出，工作循环可分为吸气、压缩和排气三个过程。随着转子旋转，每对相互啮合的齿相继完成相同的工作循环。

图 6-23　压缩空气站

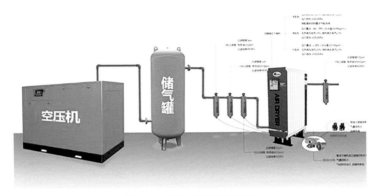

图 6-24　压缩空气站配置示意

2. 无菌空气过滤系统　用于液体菌种制备，主要由无油空压机—储气罐—汽水分离器—一级空气过滤器（过滤掉较大灰尘颗粒）—冷干机（除湿）—二级空气过滤器（过滤掉较小灰尘颗粒）—三级空气过滤器（过滤细菌）—罐前飞碟式过滤器组成。

3. 纯水处理系统　EDI（电去离子装置）系统（图 6-25）科学地将电渗析技术和离子交换技术融为一体，通过阳、阴离子膜对阳、阴离子的选择透过作用以及离子交换树脂对水中离子的交换作用，并在电场的作用下实现水中离子的定向迁移，从而达到水的深度净化除盐，而且通过水电解产生的氢离子和氢氧根离子对装填树脂进行连续再生，因此EDI 制水过程不需酸、碱化学药品再生即可连续制取高品质超纯水。其优点为技术先进、结构紧凑、操作简便。

图 6-25　EDI 系统

第五节
净化消毒设备

1. 层流空气净化装置 层流空气净化装置（图6-26）不仅采用多级（初、中、高效）空气过滤技术获取高度洁净的空气，还要能够控制气流的流通方向，使气流从洁净度高的区域流向洁净度低的区域，并带走空气中的尘粒和微生物。层流是一股细小的、薄层的气流，以均匀的流速向同一方向输送。净化气流的方向分为垂直层流和水平层流两种。

2. 静电吸附空气消毒器 静电吸附空气消毒器（图6-27）是近年来研制的新型物理空气消毒器，其原理是通过组合式静电场持续不断地产生高浓度正离子，吸附空气中带负电的颗粒物，并迫使颗粒物在强电场的作用下向集尘板移动，实现空气和颗粒物的分离，同时在高能正离子流的冲击和浸润下，细菌、真菌等微生物的细胞膜和细胞壁被击穿破坏而死亡。该设备采用室内循环风和多级过滤，可以在有人的情况下，连

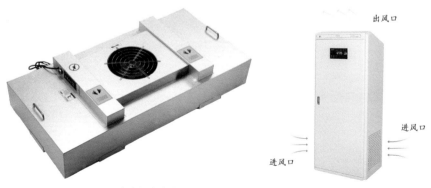

图6-26 层流空气净化装置　　　　图6-27 静电吸附空气消毒器

续地动态消毒。

3. **短波紫外线杀菌设备** 在传统的紫外线杀菌技术基础上发展起来的短波紫外线杀菌技术尤为引人注目。短波紫外线杀菌器（图6-28）能产生强烈的短波紫外线(C波段紫外线，254nm)，当空气和水中的各种致病微生物通过短波紫外线照射区域时，紫外线会穿透微生物的细胞膜和细胞核，破坏核酸(DNA和RNA)的分子键，使其失去复制能力无法繁殖或死亡。短波紫外线杀菌技术具有高效率、广谱性、低成本、长寿命、无污染、高安全性等优点，目前已成为发达国家和地区的主流杀菌手段。福建新大陆环保公司开发的循环风紫外线空气消毒机，采用室内循环风方式，加装多层过滤和短波紫外线灯管，在迅速过滤空气中尘埃的同时直接杀灭病毒和细菌，消除污染源。经检测，该机器可以在10min内杀灭空气中92.4%的细菌和病毒，30min内可以达到99.92%。更为可贵的是在有人工作活动的场所使用该设备，对人体不会产生任何危害。

图 6-28　短波紫外线杀菌器

图 6-29　脉冲式烟雾机

4. **脉冲式烟雾机** 脉冲式烟雾机（图6-29）是一种用于杀虫、杀菌、消毒、防疫、施肥的新型施药机械，主要包括脉冲式发动机和供药系统两个部分。脉冲式发动机包括燃烧室、喷管、火花塞、化油器、油箱和打气筒；供药系统包括可以调节开启压力的单向阀、药箱和药喷嘴。结构精巧，携用方便。该机器可根据需要，把药物分别制成高温烟雾或常温水雾喷出，具有穿透性强、弥漫性好、附着性牢的特点，且效率高、药耗低、操作方便、节省人工，施药高度可达 25m 以上；其工作宽幅为 6 ~ 7m，非常适合食用菌工厂的菇房采后消杀以及厂区周围环境的卫生除害工作。

第七章　工厂化生产用种

　　专用品种的选育是食用菌工厂化生产的一项重要内容，优良的品种及菌株是企业实现丰产、优质、高效、安全的前提保证，因此可以说，种源技术是工厂化生产中的关键核心技术，谁在这方面处于领先，谁就掌握了现代农业生产的主动权。

　　从 20 世纪 90 年代杏鲍菇商业化栽培开始，国内外就十分关注工厂化专用品种的选育。1993 年，日本东京农业大学利用引进的杏鲍菇菌株，选育出了 AER9501 菌株，爱知县林业所在此基础上，杂交出了性能更好的杏鲍菇即时 1 号和即时 2 号专用品种。至 2012 年日本各企业登记的杏鲍菇新品种已达 25 个，其中既有生长速度快的短周期品种，也有能较好利用当地农业废弃资源的菌株，还有对细菌性感染抗性较强的菌株等，这对整个行业的发展起到了很好的助推作用。韩国在杏鲍菇育种方面也是不遗余力，从 1998 年育成首个杏鲍菇新品种杏鲍菇 1 号开始，到 2012 年育成登记数已达 10 个。其中艾琳 3 号、单飞、松亚、昆基 4 号等都各具特色。2014 年，韩国农业部宣布农业技术人员培育出一种粉色杏鲍菇，不但具有观赏价值，而且整个生长期仅为 18d；其子实体所含的抗氧化物质要比普通平菇、杏鲍菇高出 60%。

　　我国从 20 世纪 90 年代开始，通过多种渠道从国外引进杏鲍菇种质资源，其中既有源自地中海和欧洲地区的野生驯化菌株，也有按一定目标采用人工手段育成的栽培菌株。在此基础上，有关研究单位和一部分生产企业也开始了菌种的选育工作，如福建省三明市真菌研究所、上海市农业科学院食用菌研究所、四川省农业科学院土壤肥料研究所、中国农业科学院农业资源和农业区划研究所等单位都在杏鲍菇菌种选育方面做了大量工作，育成的杏鲍菇品种有的已列为国内主栽品种。

第一节
栽培种质的研究分析

　　种质资源是经过长期自然演化或人工创造的一种重要的自然资源，

是现代生物育种的物质基础。育种者拥有的种质资源数量和质量，以及对种质研究的深度和广度是决定育种成效的关键，也是衡量育种水平的重要标志。种质资源遗传多样性的丰富程度对品种改良和新品种选育及优异种质材料挖掘有着直接的影响。

迄今为止，我国几乎没有发现杏鲍菇的野生分布，野生种质资源的匮乏给我国杏鲍菇品种选育工作带来的困难是先天性的。因此除了需要进一步通过各种渠道搜集和引进境外原产地的野生种质，继续丰富我国的生物基因库之外，如何利用好现有的种质更是一项迫切需要解决的问题。

国内现有的杏鲍菇商业性栽培菌株大部分是从国外引进的，少部分是在引进基础上进一步选育而成的。一段时期以来，受分散的农业生产方式影响，杏鲍菇产业不仅存在着种质管理滞后方面的问题，也缺乏对种质资源以及创新利用的分析研究，好在近年来，在有关机构的大力推进下，这方面的工作已经得到明显改善和加强。很多研究单位和企业合作，大力开展对杏鲍菇种质资源遗传多样性评价分析和创新利用的前瞻性研究，并且取得了一定的成效，对一线的育种工作起到了很好的指导促进作用。这些研究包括：

1. 形态标记的研究　诸多研究分析表明，现有国内栽培的不同杏鲍菇菌株之间在子实体形态上存在着较大差异。同一菌株不同栽培群体的子实体大小、菌柄形态等诸多性状也常表现出明显的差异，具体表现在菌盖大小、菌肉厚薄、菌盖色泽、菌柄侧生程度和菌柄形状等的差异。按子实体大小有大型、中型和小型之分；按形态有侧耳状、柱状和保龄球状之分；按色泽有深色种和浅色种之分；有的菌盖表面光滑，有的表面有颗粒状突起。从生理特性来说，有高温品种和低温品种之分；从培养周期来说，有长、中、短之分；从商品性状来说，质地有致密和疏松之分，风味有杏仁香味和无味之分；口感有滑爽细腻和粗糙之分。

2. 细胞标记的研究　主要集中在体细胞不亲和性（拮抗反应）方面，这种不亲和性反映了遗传差异。按照 May（1988）给予的界定标准：杏鲍菇不同菌株间为弱拮抗反应，不亲和群体间不形成垠，也不分泌色素，而是形成菌丝不生长的空白带，两菌株菌丝间表现为隔离带，拮抗反应测试将供试的 16 个杏鲍菇栽培菌株分为 8 组，这 8 组之间有典型的弱拮抗反应。刘盛荣（2008）通过拮抗反应将 81 株杏鲍菇分成 11 组，从中选取 13 个菌株进行交配型因子测定，通过单孢分离法获得 13 个菌株 4 种交配型的单核菌株，研究结果表明，13 个供试菌株共存 5 种不同的交配型因子，特异的 A 因子和 B 因子各 7 个。

3. 生化标记的研究   同工酶技术是生物生理生化及遗传学研究的重要手段。贺东梅等（1999）对国外引进的 7 个杏鲍菇菌株进行酯酶同工酶分析，结果表明 7 个杏鲍菇菌株遗传差异很大。王俊玲等（2004）对 6 个杏鲍菇菌株进行酯酶同工酶分析，在相似系数 0.64 水平上，杏鲍菇菌株被分为三大类群。张金霞（2005）研究认为，酯酶同工酶作为杏鲍菇栽培菌株的鉴定鉴别方法，较栽培试验和拮抗反应差异显著，分辨率高，更易于观察，也更准确；杏鲍菇酯酶同工酶的多态性丰富，带型分布均匀，数目为 5 ~ 13 条，栽培、生理特性没有显著区别的菌株，酯酶同工酶完全相同；按照酶谱的异同，将供试的 20 个菌株分为 8 个类型，与拮抗试验完全一致。

4. 分子标记的研究   分子标记是以 DNA 分析为基础的分子生物学鉴定方法。近年来，分子标记得到长足的发展，相关技术不断涌现，并不断改进，甚至相互融合，复合应用。包括第一代的 RFLP（限制性内切酶片段长度多态性）、RAPD（随机扩增多态性 DNA 标记）、AFLP（扩增片段长度多态性），第二代的 SSR（简单重复序列）、ISSR（简单重复序列间标记）等，第三代的 SNP（单核苷酸多态性）、EST（表达序列标签）等，都在食用菌的遗传特异性鉴定中得到应用。

江苏润正生物科技有限公司于 2013—2016 年对国内杏鲍菇工厂化栽培品种的遗传多样性进行了研究分析，筛选收集了国内外 144 个菌株资源，通过形态特征、拮抗试验、酯酶同工酶谱分析和基因组 DNA 分子标记技术 [RAPD、ISSR、SSR、ITS（内转录间隔区）] 进行遗传学分析。

（1）表型性状分析。表型性状是菌物生长的最直观表现，受菌物本身基因型和环境因素的综合作用，表现出稳定性和变异性共存的特点。因此如何有效利用种质资源表型的多样性是种质资源创新利用的基础。在收集的 144 个杏鲍菇种质资源中，子实体的形态特征有较大差异。大致可以分为六类：

第一类：子实体棒状，菌柄粗壮而长，菌盖灰色较厚，菌盖直径大于菌柄直径，子实体形态匀称，生物学效率较高。

第二类：子实体细长，菌柄较细，菌盖浅灰色、平整较薄，菌盖直径大于菌柄直径，菇体结实。

第三类：子实体棒状，菌柄细长、基部略粗，菌盖灰色或浅灰色、较薄，菇体结实。

第四类：子实体近保龄球状，基部或中间略膨大，菌柄细而短，菌盖浅灰色、较小较薄。

第五类：子实体细长、较软，菌柄形态怪异，同"如意"，菌盖大而薄、浅灰色，菇体松软。

第六类：子实体粗短，菌盖浅灰色、较薄，易开伞，菇柄白，质地松软。

（2）体细胞不亲和性分析。拮抗线的本质是生物体细胞不能互相融合。研究杏鲍菇菌株间的拮抗反应（图 7-1），验证菌株间体细胞的特异性，并由此推断引发体细胞不亲和的两种可能原因：一种是在菌株菌丝交界处形成稳定的异核体，阻止了亲本菌丝生长到一起，所以菌丝交界

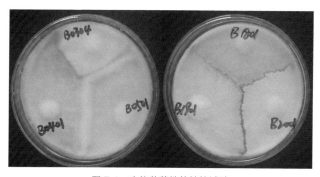

图 7-1 杏鲍菇菌株的拮抗试验

处会出现一条密集线；另一种是在两种菌丝融合处发生自融，产生出一个较宽的隔离带。

（3）同工酶分析。蛋白质是基因编码的产物，蛋白质中多肽链上的氨基酸顺序（通过 RNA）能反映 DNA 链上碱基对的顺序，其变化能代表 DNA 分子水平上的变化。1980 年以来，酯酶同工酶技术被广泛应用于食用菌的鉴别和遗传多样性研究。对 34 个杏鲍菇菌株进行酯酶同工酶分析和聚类分析，由酯酶同工酶电泳图谱（图 7-2）可知，多数菌株间的酯酶条带数目不同。34 个杏鲍菇菌株两两之间的遗传相似系数为 0.49～1.0，在相似系数 0.67 处 34 个杏鲍菇菌株被分为 6 大类(图 7-3)。

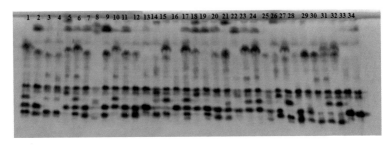

图 7-2　34 个杏鲍菇菌株的酯酶同工酶图谱

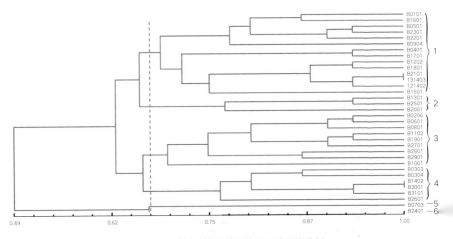

图 7-3　34 个杏鲍菇菌株的酯酶同工酶聚类分析

（4）聚类分析。对筛选的 34 个杏鲍菇菌株进行 RAPD 和 ISSR 聚类分析。从 31 个 RAPD 引物中选取了 22 个引物对 34 个杏鲍菇菌株进行 PCR 扩增，共扩增出 266 条稳定清晰的 DNA 条带；从 32 个 ISSR 引物中选取了 23 个引物对 34 个杏鲍菇菌株进行 PCR 扩增，共扩增出 211 条稳定清晰的 DNA 条带。根据扩增结果，对 34 个杏鲍菇菌株进行了 RAPD、ISSR 聚类分析（图 7-4、图 7-5）。两种方法的分析结果相近，可分别将 34 个供试菌株分为 4 ～ 5 大类。这些类群均表现出比较明显的引种的同源性特征和独特的表型特征，不同类群在多个性状上均表现出差异性和互补性，因此，通过不同种质类型的划分，以不同的育种目标进行定向选育，在遗传改良过程中实现优势互补，有助于选育出优良的杏鲍菇品种。

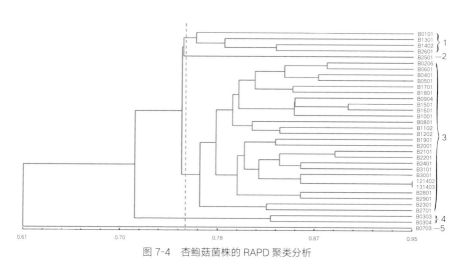

图 7-4　杏鲍菇菌株的 RAPD 聚类分析

上述分析评价使我们对国内现有栽培品种的特点和农艺性状有了比较全面系统的了解掌握，为不同资源的优势互补、遗传改良和种质创新提供了重要参考；也为企业下一步明确育种方向、制定技术路线、选择亲本材料、搜寻关键位点奠定了基础。

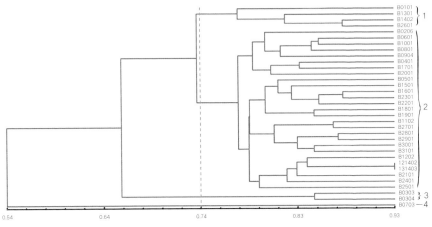

图 7-5 杏鲍菇菌株的 ISSR 聚类分析

第二节
专用菌种的选育

食用菌工厂化栽培和传统农作栽培对菌株选育的目标要求有很大不同。例如工厂化栽培需要菇潮集中，尤其是第一潮菇产量高。传统农作栽培要求菇潮分散，多次采摘获得产量。工厂化栽培的环境系统和原料渠道比较稳定，要求能采用发挥其最大优势的专适性品种（温度适应性、基质适应性），而传统农作栽培条件差异较大，生产者往往更欢迎耐受范围更大的广适性品种。

总而言之，优良菌种的选育方向都是围绕符合消费者需求同时满足生产者需要来进行的，这些品种特点不同，有的菇形粗壮、外观匀称；有的质地坚实、风味浓郁；有的丰产性好、生物学效率高；有的子实体发生数少、疏蕾容易；有的生长迅速、栽培周期短；有的耐受性好、抗杂能力强；有的对本土原材料资源利用的适应性很强，等等。

1. 自然选育　又叫系统选育。自然选育是从自然界野生菌株或现有的栽培菌株中，通过人工方法有目的地选择并积累自发的有益变异而获得优良菌株。育种者既可以通过广泛收集不同地域、不同生态型的菌株，通过系统的栽培比较和反复的淘汰选择，筛选出一些经济性状表现优良而又稳定的菌株，也可以在连续不断的大生产作业中观察，留意发现一些突发正向变异的个体，最后获得优良品种。

自然选育的优点是简单易行，而且没有人工干涉的基因重组，保留了生物长期自然进化形成的适应自身生长延续的全部遗传背景，所以遗传稳定、适应性强。缺点是选择的群体大、耗时长、概率低，由于没有基因重组，获得的优良变异也较小。

自然选育的一般流程：种质资源收集→提纯复壮→菌种培养→生理性能测定（拮抗试验）→初筛→复筛→区别性鉴定（形态、生理、同工酶、DNA 指纹）→工厂化中试→示范栽培→确定优良菌株。

自然选育是各单位以及企业中最多也是最普遍采用的形式。1998 年，上海市农业科学院食用菌研究所开展的"杏鲍菇工厂化栽培的研究和应用"项目，就工厂化生产条件下的杏鲍菇生理生化以及产量、质量和环境调控因素进行研究，并选育出了适合栽培的三个菌株。2004 年福建省农业科学院植物保护研究所林衍铨等从引进的杏鲍菇菌株中选育出了耐 CO_2、抗杂强、产量高、周期短的适合工厂化栽培的菌株。上述成果在不同阶段为我国杏鲍菇工厂化生产的发展做出了积极的贡献。

2. 诱变育种　诱变育种是人为利用物理或化学因素处理细胞群体，强制促使其中少数细胞遗传物质的分子结构发生改变，引起遗传性的变异，然后从变异个体中筛选优良性状的菌株。如利用紫外线、X 射线、γ 射线、快中子辐照及航天搭载等物理诱变以及利用烷化剂、碱基类似物等进行化学诱变。诱变育种可显著提高突变频率，加快育种进程，但是缺乏定向性，需要做大量的筛选工作，而且一般的生产企业较难具备试验条件。如果必要可以联合有关的科研院所进行诱变育种。

诱变育种的一般流程：出发菌株→诱变材料制备→孢子悬液（原生质体、菌丝体碎片）→诱变处理→涂布培养→移植扩繁→初筛→复筛→区别性鉴定（形态、生理、同工酶、DNA 指纹）→工厂化中试→示范栽培→确定优良菌株。

国内外在采用诱变育种方面取得了一系列丰硕成果。2002 年，日本蘑菇中心菌蕈研究所（鸟取）采用紫外线诱变技术，从 8 000 个菌株中发现了 1 个发生突变的无孢子菌株。经过 15 年的不懈努力，选育出了首个用于工厂化生产的无孢子杏鲍菇新品种菌兴 PE1 号，并于 2014 年完成注册登记。次年，又以"浓丸"商品名上市供应。该品种的育成不但对解决因孢子飘散引起的立枯病和株型变异，以及减轻作业工人过敏性肺炎危害具有重要意义，而且它适合使用杉木屑栽培，从而开辟了本地资源利用的新路径。国内夏志兰、艾辛等采用 Co 射线诱变杏鲍菇菌丝，在辐照量为 1 000Gy、剂量率为 67.8Gy/h 的条件下，经过拮抗试验和酯酶同工酶电泳验证，选育出 1 个杏鲍菇新菌株，深层发酵实验中诱变菌株菌丝积累量极显著增加。况丹等采用紫外线照射处理选育的杏鲍菇菌株，结果表明诱变处理后的菌株表现出良好的高产性能。

3. 杂交育种　选择两个已知优良性状的菌株作为亲本，通过杂交将双亲的优点聚合在一起或是利用一个亲本的优良性状克服另一个亲本的缺点选育出优良的杂交菌株。杂交育种由于基因的重新组合及基因的累加、互补等作用，能产生新的特征特性或某些优良性状得以强化。主要应用的有单孢杂交、多孢杂交等技术形式。

单孢杂交育种的一般流程：种质资源的收集→亲本选择→单孢分离→单核菌丝确认→配对杂交组合→移植扩繁→初筛→复筛→区别性鉴定（形态、生理、同工酶、DNA 指纹）→中间试验（均一性和稳定性调查分析）→示范栽培（均一性和稳定性调查分析）→优良品种。

多孢杂交育种的一般流程：亲本选择→孢子弹射→培养自然杂交→双核体确认→分离多孢培养物→移植扩繁→初筛→子实体组织分离→复

筛→区别性鉴定（形态、生理、同工酶、DNA 指纹）→中间试验（均一性和稳定性调查分析）→示范栽培（均一性和稳定性调查分析）→优良品种。

杂交育种技术是目前国内外杏鲍菇新品种选育中使用最广泛、收效最显著的育种技术。其原理是通过单倍体交配实现基因重组，从杂交后代中选育出具有双亲优良性状的菌株。杂交育种要判断杂种的真实性，亲代必须有标记。杏鲍菇属异宗配合的种类，由于自交不亲和，因此亲本的性别本身可作为标记。北京市农林科学院植保环保研究所利用单孢杂交育种技术选育出杏鲍菇 16 号杂交新菌株，子实体呈保龄球形，产量较高。常熟理工学院与昆山市正兴食用菌有限公司合作开展了杏鲍菇工厂化栽培品种的杂交育种研究，采用钩悬法和弹射法收集单孢子，并进行菌丝体融合、酯酶同工酶分析等，将光滑型（S 型）和粗糙型（R 型）杏鲍菇的优良性状集中表达，获得了性状优良的杂交菌株（图 7-6）。

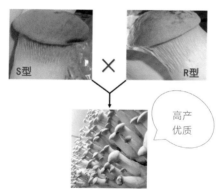

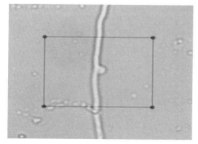

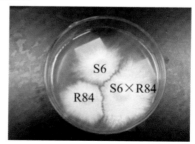

S6×R84 杂交的锁状联合 (40×10)　　杂交子代与两个亲本之间的拮抗试验效果明显

图 7-6　S6 和 R84 杂交示例

4．原生质体融合育种　原生质体融合育种是通过人为的方法将遗传性状不同的两种脱壁细胞的原生质体在融合促进剂的诱导下融合，进而发生遗传重组，以产生同时具有双亲性状的、遗传稳定的新品种和类型。原生质体融合技术可以克服细胞壁和交配系统对育种的障碍，使食用菌的种内不同品系和遗传距离较大的远缘种间、属间杂交成为可能。

原生质体融合育种的一般流程：原生质体制备材料获取→亲本准备→原生质体的分离纯化→原生质体再生→原生质体融合→重组融合子的检出鉴定。

湖南省食用菌研究所采用原生质体融合技术，通过多组合定向筛选，选育出丰产、优质且抗逆性强的优良菌株湘杏98。日本北斗株式会社研究所利用杏鲍菇和日本平菇作为亲本进行种间杂交，成功地选育出了HOX1号霜降平菇新种，克服了以往平菇肉质薄、易破碎、口感差的缺点，形成了一个新的品种系列。Kinokkusu研究所用杏鲍菇和白灵菇进行杂交，开发出了生育期短、口感特殊的白神鲍鱼菇。

5. 基因编辑和分子标记辅助育种　基因编辑作为近年来最受瞩目的科学技术之一，正在对农作物育种领域产生着革命性影响，它可以安全、高效、精准地实现作物性状改良，为提高农作物产量、改善人民健康带来了前所未有的历史机遇。

与转基因技术不同，基因编辑不涉及转入外源基因，通常只是采用序列特异性核酸酶（包括锌指核酸酶、类转录激活因子效应物核酸酶和CRISPR-Cas系统）作为工具，对生物体内源基因的某个或几个靶向位点进行剪切、编辑、修饰和精准改造。例如，将农作物本身的一些"不良基因"进行敲除，达到去劣存优的目的，以期培育出高产、优质、抗病的优良品种。美国宾夕法尼亚大学的杨亦农实验室曾利用CRISPR-Cas9技术，将双孢蘑菇中容易引起褐变的多酚氧化酶的编码基因敲除了一个（原来有3个），使该酶活性降低了30%，从而获得了不易褐变的白蘑菇，更易于保存和运输。

我国农业农村部在《"十四五"全国农业农村科技发展规划》中明

确提出要把高水平农业科技自立自强作为农业农村发展的战略支撑，突出基因编辑等重点领域；开展基因编辑技术原始创新，研发新型基因编辑工具，并且在 2022 年出台了《农业用基因编辑植物安全评价指南（试行）》，拉开了我国基因编辑技术的立法序幕。

分子标记辅助育种是一种利用分子标记与决定目标性状基因紧密连锁的特点，通过检测分子标记，即可检测到目的基因的存在，达到选择目标性状的目的的技术。这种技术具有快速、准确、不受环境条件干扰的优点，可以大大提高育种工作的效率和成功率。可以应用于亲本亲缘关系鉴别、回交育种中数量性状和隐性性状的转移、杂种后代的选择、杂种优势的预测及品种纯度鉴定等各个育种环节。国际上最新的分子设计育种技术，就是利用分子标记发掘出种质资源中控制高产、优质、抗病、耐逆等重要性状形成的关键基因以及功能突变位点，明确其利用价值和途径，了解基因和基因互作、基因和环境互作的关系效应，完成对这些重要功能基因和调控因子的精确定位；并且与常规育种技术相结合，实现食用菌的优良基因在新品种育成中的多重聚合和最佳配置，将传统的"经验育种"向高效的"精确育种"转变，大幅度提升育种效率和技术水平。

第三节
新品种鉴定

按照国际植物新品种保护联盟（UPOV）的要求，植物新品种必须具备特异性、一致性和稳定性。其中，特异性是新品种鉴定和测试的重点。另外，作为商业栽培的品种，人们往往对它的经济性，即农艺性状

和商品性状更为关注。所以,一般杏鲍菇新品种的鉴定检测,主要围绕以下几个方面:

1.形态特征　菇体的形态和颜色、菌盖的大小和厚度、菌肉的质地和香味、菌柄的直径和长度。

2.生理特征　与近似品种的拮抗反应、子实体发生的温型、适合生长的温度范围、菌丝生长速度、菌种保藏条件。

3.遗传特征　交配因子、同工酶谱、DNA 指纹图谱、特有 DNA 片段序列。

4.农艺性状　发菌周期、结实周期、生物学效率、子实体发生方式、温度敏感性和耐受性、菇潮特点、抗杂性、丰产性、环境适应性、基质适应性。

5.商品性状　外观形态、质地口感、储运温度、货架寿命、可加工性。

第四节
菌种保藏

食用菌的世代周期一般很短,在继代过程中容易发生变异、污染甚至死亡,因此常造成生产菌种的退化、老化并有可能使优良品种丢失。菌种保藏的重要意义在于保持优良菌种优良性状的稳定、满足生产的实际需要。常见保藏方法可分为三类:

1.短期保藏(1 ~ 6个月)　低温保藏法:把待保藏的菌种接到适合其生长的培养基上,待培养基上的菌丝生长充分后,放置于 4 ~ 6℃的条件下进行保存,并每隔 3 ~ 6 个月转代接种一次。

优点:适用性广泛,简单易用,便于操作和观察,成本比较低,适合工业生产的菌种保藏。

缺点：长期使用试管斜面保存容易失水，会使菌种活性降低（使用硅胶瓶塞会导致气生菌丝浓密，易滋生其他杂菌）。平皿低温保藏必须经常传代，传代过程中菌种易发生污染、变异，或是出现差错。因此，斜面试管或是平皿低温保藏方法适合短期保存，应与长期保藏方法相互配合，以防菌种丢缺。

2. 中期保藏（1～2年）

（1）木屑保藏法（低营养保藏）。使用4～6mm规格筛网筛选新鲜杨树木屑，如果没有新鲜木屑则选择长时间堆积于表面区域的木屑。然后进行浸泡，去除所含的单宁物质，浸泡标准为泡出液体色泽清澈，浸泡后的木屑干净，无发黑、无异味，颗粒明显，然后自然晾干或烘干备用。木屑保藏培养基的配方：木屑78%、麦麸20%、CaCO$_3$ 1%，石灰1%、pH自然，含水量61%～63%。把各种原材料混合均匀，准备清洗干净的18mm×200mm试管、棉塞、橡皮筋、报纸、锡纸、挤压杆。每支试管装量控制在20～25g，装料到距离试管口5cm处为宜，底端中部要紧密，避免有缝隙。试管口壁使用毛巾擦拭干净，然后塞上试管棉塞，棉塞由纱布包裹1.5g新鲜棉花制作而成，7支捆成一捆。包裹锡纸放入灭菌锅内进行灭菌。灭菌行程：121℃/90min，出锅冷却，放置于超净工作台内即可，第2天接种待用。接种前先查看培养基表面是否有失水或干燥现象，如果有可加入3～5滴无菌水。接种参照母种接种要求和无菌操作工艺进行。由于培养基内营养少，接种后菌丝生长速度会慢于在PDA培养基上的生长速度。接种块切割面要大，接种点要在两个点以上。接种后使用报纸进行包裹，前期要保持湿润，避免母种块干枯、不萌白或生长慢的情况发生。正常第3天可以清楚见到菌丝萌白点，培养到第25天时，大概生长到试管1/3处，可以放入4～6℃冰箱内缓慢生长，约在4个月内可以生长满管，保藏时间可达两年。

（2）液体石蜡保藏法。将无菌干燥的液体石蜡注入培养好的斜面至高于斜面顶端1cm处，再将试管密封，直立于4℃冷藏保存，注意要定期添加石蜡保证斜面处于液面以下，保藏时间至少可以达到 1 年。此保藏方法优点是克服了斜面低温保藏法的短板，不需要短时间内转代。缺点是占据空间较大（需要直立放置培养基），携带不方便。

操作中注意以下两点：

①石蜡要保证无水，160℃干热灭菌 2h，完毕后石蜡可直接使用。若采用 121℃高压湿热灭菌 20min，完毕后则要置于烘箱中使水分蒸发至石蜡液体澄清后再使用。

②菌种复苏时用接种环取块，注意用火焰烧灼灭菌的接种环要尽量冷却，防止液体石蜡飞溅伤人。

3. 长期保藏（3 ～ 8 年）

（1）−80℃超低温保藏法。一个安瓿瓶内装 5 个菌种块，注入冷冻保护剂，放入 −80℃超低温冰箱，控制冷冻速度，在一定时间内慢慢冷冻，使细胞损伤小（稳定的玻璃化状态），保存时间可长达 5 年。解冻时使用水浴器，在一定温度下边振荡，边使之迅速解冻。由于液氮保藏成本高，条件苛刻，所以日本的食用菌生产企业普遍采用 −80℃超低温保藏法。目前国产 −80℃超低温冰箱价格虽然比普通冰箱略高，但一般企业都能够承受。

（2）液氮超低温保藏法。如要考虑更长期保存，可以选择液氮超低温保存。把菌种装在含有冷冻保护剂的安瓿瓶内，将安瓿瓶放入液氮（−196℃）中进行保藏，由于菌丝体处于 −196℃，其代谢降低到完全停止的状态，所以不用定期移植。液氮超低温保藏法是菌种长期保藏最有效、最可靠的方法。

保护剂：每管加入 0.8mL 高压灭菌的 10% 甘油溶液作为冷冻保护剂，用无菌镊子将这种有菌丝体的琼脂块移入加有保护剂的安瓿管中，用火焰将安瓿管上部熔封，浸在水中检查有无漏气。

·温馨提示·

注：液氮（-196℃）比干冰（-80℃）的保藏效果好，-80℃又比-20℃的保藏效果好，而-20℃的保藏效果则又优于4℃。

4. 菌种的活化

（1）因为菌种的保藏条件、方法以及保存时间不同，所以在使用时先要进行一个活化过程，让菌种逐渐适应培养环境。

（2）配制适合菌种生长的培养基（最好使用天然培养基观察后再进行配方调制）。

（3）将菌种从保藏状态恢复到室温状态（最好放置24h），通过操作把保藏菌种接种到培养基中培养，挑选茁壮的菌丝点。

（4）菌种复苏（复壮、纯化）2～3次，目的是得到纯正、活力旺盛的培养菌丝。

（5）经观察后测试生长速度与菌种洁白度，前端菌丝吃料现象与保藏之前无异，可以投入生产，方能放心成为生产使用的菌种。

第八章　菌种的扩繁和应用

我国食用菌菌种实行的是三级繁育体系，即母种（一级种）、原种（二级种）、栽培种（三级种）。

母种是经过各种方法选育得到的具有结实性的菌丝体培养物及继代培养物，一般以玻璃试管为培养容器和使用单位，又称一级菌种、试管种。母种是菌种生产的根本，母种质量的高低直接影响原种和栽培种的质量，最终影响生产的成败，所以在母种制作过程中更要严格操作，培养中连续检查，一旦发生异常，就要及时剔除。母种除供应生产上扩大培养外，还用于菌种保藏。

原种是将母种接种到培养基上进行扩大繁殖所培养的菌丝培养物，又称二级种。原种对基质和生活环境的适应力更强，生长更加旺盛。原种要求保持较高的纯度，通常用玻璃三角瓶或液体摇瓶培养。原种主要用于栽培种的扩大生产，只能进行短时的储藏。

栽培种是将原种移植在无菌基质上的培养物，又称三级种。在适宜温度下，采用固体发酵的栽培种一般 18 ～ 20d 就可长成，而采用液体发酵的栽培种只需 7 d 就可使用。经过扩大培养，菌丝对基质的分解能力进一步增强，培养好的栽培种应在短期内使用，不可再次扩大繁殖菌种。

原种和栽培种一般有两种剂型，即固体菌种和液体菌种。

第一节
母种的制备

一、培养基的配制

杏鲍菇母种制备所需培养基通常为马铃薯葡萄糖琼脂培养基（PDA 培养基），其配制流程（图 8-1）和步骤如下。

1.PDA 培养基配方　马铃薯 200g、琼脂 18g、葡萄糖 20g、自来水 1L。

2.PDA 培养基配制步骤

（1）选取无发芽、无发青、外观平整、重 250g 的马铃薯。

（2）去皮后称重 200g，切成小方块，放入盛有 1L 水的锅中。

（3）使用电磁炉，功率设置 500W 煮沸 15min，再调到 100W 保持 30min 熬汁液（以马铃薯块软而不烂为准）。

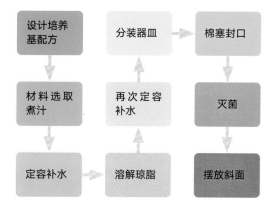

图 8-1　PDA 培养基配制流程

（4）用 8 层纱布过滤出液体，并定容至 1L。

（5）加入琼脂，将电磁炉设置为 500W，时间 7min，使其完全溶解（以见不到有固体点状为准）。

（6）再次定容至 1L 后分装于器皿中。由于培养基为液体，会黏附于器皿壁口，此时要细心擦拭干净，不要沾到棉塞上，棉塞塞入瓶口最佳位置为 2 ~ 3cm，然后再包裹上一层牛皮纸进行灭菌。

（7）使用高压灭菌锅，温度时间设置：121℃ /35 ~ 45min。

（8）等气压降到 0MPa 时，方可打开锅盖，冷却 2min 后取出已灭菌好的培养基，摆放于消毒好的超净工作台内。

二、母种接种步骤

（1）在超净工作台（或无菌箱）内，将待接种的斜面试管（无冷凝水）、培养好的母种、酒精灯、打火机、接种针放入接种箱内。

（2）按超净工作台（或接种箱）内消毒操作规程进行消毒 [如紫外线灯消毒、设置风机过滤单元（FFU）风量等级]。

（3）打开工作灯，用 75% 酒精棉球擦拭双手，伸入接种箱内，再擦拭接种工具，点燃酒精灯。

（4）右手持接种针，将整支接种针过火几次，并将顶端烧红。用左手手指和手掌托持住两支试管，食指与中指夹持住母种试管，无名指与小指夹持住空白培养基试管，用右手无名指和小指夹持母种试管棉塞，小指鱼际夹持空白斜面培养基试管棉塞。用火焰封口双管。

（5）将接种针靠在母种试管内壁冷却，然后挑取 0.3cm×0.3cm 大小的基内菌丝琼脂块，迅速移植于空白培养基试管斜面中央，棉塞燎烤干燥塞回已接种好的试管口上。

（6）右手将接种针放入管内后，持住母种试管，保持火焰封口状态。左手将接种好的试管放下，重新取一支空白培养基试管，重复上述操作，直至母种接种完为止。

三、母种的培养及检查

接种后的斜面试管放入恒温培养箱中培养，杏鲍菇的最适培养温度为 23 ~ 24℃。

· 温馨提示 ·

注意，这里讲的是生产上的最适温度，与生物学上的最适温度是不同的。一般而言，生产上的最适温度比生物学上的最适温度低 2 ~ 3℃，在这种偏低温度下，菌种生长更为健壮、致密。栽培接种后萌发快、抗性强、污染少。

接种后的第 3 天开始观察菌丝生长情况，查看是否有杂菌污染，并做好记录。以后每 1 ~ 2d 观察记录一次，直到菌丝长满试管斜面。要及时剔除有杂菌污染的试管，保证菌种的纯度。杏鲍菇的母种培养时间一般为 7 ~ 8d。

菌丝长满斜面后，应立即终止培养，挑选菌丝生长健壮、无杂菌污染、无异常颜色、生长均匀一致的优良菌种，一部分用于二级种扩繁，一部分用于保藏。

优质杏鲍菇母种的判断标准：菌丝平铺，呈洁白绒毛状，后期气生菌丝紧贴培养基，爬壁慢，菌丝生长整齐，长速、色泽、菌落厚薄及气生菌丝多寡没有明显差异，菌落边缘外观饱满、整齐、长势旺盛。

第二节
固体原种和栽培种的制备

各个企业在实际生产中，会根据产品本身和技术、设备、设施条件选择菌种剂型。目前，国内杏鲍菇生产还是以固体种为多。

1. 木屑种　瓶栽生产厂的固体种较多采用木屑种。培养基以阔叶树木屑为主，配以米糠、麦麸等辅料。装入耐高温的塑料菌种瓶，经灭菌接种后放入专门的菌种室培养。菌种的制备与以获取子实体的大规模生产栽培稍有不同的是，其更多地考虑菌种的使用功能，培养基一般以选择直径 1 ~ 2mm 的细木屑为主，装料要松紧合适。因为接种时菌种瓶在自动接种机上倒置摆放，伸入菌种刀旋刮一定量的菌种自由落下，如果装瓶过紧或培养基颗粒过大，落下的菌种常会呈不规则块粒，卡在接种孔内，造成接种量不充分；而装瓶过松则会出现菌种大块坍塌落下，造成接种过量和使用浪费。

2. 麦粒种　袋栽生产较多使用。选用新鲜优质的小麦，加入 2% 石灰水，在 30℃ 的温水中浸泡 24h。注意麦粒要浸泡透，无白心。然后捞出晾干表面，加 4% 木屑和 2% 轻质碳酸钙，装入菌种瓶（袋）灭菌。上架培养至菌丝长满瓶并经检验合格后使用。麦粒种的特点是利用率高，节约用种量，接种后呈多点萌发，封面时间短，菌种未消耗的养分可继续为菌包提供营养，可缩短培养周期。缺点是菌种适用期短，容易老化，吐黄水。麦粒种培养菌丝长满后应尽快使用。

　　3.枝条种　袋栽生产较多选用。以玻璃瓶作为培养容器，选用粗细长短合适的杨树等软木枝条，放入 3g/L 石灰水中浸泡至无白心，添加辅助培养基，配方为木屑 40%、玉米芯 40%、麦麸 18%、轻质碳酸钙 1%、石灰 1%；混合均匀后一起装瓶灭菌接种后送入洁净环境培养。培养温度 22 ~ 24℃，相对湿度 60% ~ 70%。发菌长满时间控制在 40d。使用时挑选生长好无污染的菌种。枝条种取材方便、成本低廉、操作简单、接种速度快、发菌同步性好、培养周期短，几乎可与液体菌种媲美；能诱导菌体内木质素分解酶的大量产生，使得后期菌种环境适应能力强，吃料快、发力猛；菌种的适用期长，不易老化，方便生产作业调整。

第三节
液体原种和栽培种的制备

　　液体菌种是利用合适的液体培养基，在摇瓶和发酵罐中通过深层培养（液体发酵）技术生产的食用菌菌种。相对固体菌种而言，液体菌种具有制种时间短、接种效率高、定植封面快、发菌周期短、菌龄较一致以及生产成本低等优点，可实现高效自动化作业。

一、培养皿菌种制备

　　1.培养皿培养基配方　马铃薯 200g、葡萄糖 20g、琼脂 20g、自来水 1 000mL。

　　2.培养皿培养基制备

　　（1）称取削好皮的马铃薯 200g，切片，放入锅中，加水 1 000mL。

（2）将电磁炉设置为 800W，煮至微沸 8 ~ 10min 后改设为 500W 煮，整体共计 30min。

（3）用 8 层纱布过滤，获得滤液。

（4）称取 20g 琼脂粉加 100mL 水浸湿。

（5）加入滤液混匀，将电磁炉设置为 800W 煮至琼脂溶解。

（6）加入葡萄糖 20g 煮至溶解（溶液清亮）。

（7）用热水定容至 1 000mL。

（8）分装，每支试管（20mm × 200mm）约 25mL。

（9）121℃ 灭菌 25min，70℃ 左右时取出逐个倒入灭菌烘干的培养皿（φ90mm）中，冷却。

3. 培养皿接种及培养

（1）选取菌丝健壮，无扭结、退菌斑（螨噬斑）、黄水，菌丝尖端整齐，菌龄为 15d 的培养皿母种。

（2）用 φ6mm 的打孔器进行切割，获得 φ6mm 的种块（打孔处距培养皿边缘 0.5 ~ 0.7cm），一圈约可打 32 个孔。

（3）用接种针挑取种块接种至培养皿中央。

（4）用封口膜封口后置于 24℃ 恒温培养箱中培养 15d，待用。

二、摇瓶菌种制备

摇瓶在液体种制备中起承接、扩大母种的作用，摇瓶菌种的好坏直接决定着发酵罐菌种发酵的质量。

1. 摇瓶培养基配方　磷酸二氢钾 0.6g、硫酸镁 0.6g、豆粕粉 3g、葡萄糖 15g、水 700mL，pH6.2。

2. 摇瓶培养基制备

（1）按配方称取各药品置于 1 000mL 三角瓶中。

（2）放入搅拌子。

（3）加水（自来水）700mL，置于磁力搅拌器上搅匀。

（4）用棉塞封口（棉花重量 15g），再用两层报纸包扎，121℃ 灭菌

30min，灭菌完成后，压力降为0，温度降为90℃左右时取出。

（5）置于超净工作台中冷却。

3. 摇瓶培养基接种及培养

（1）选取菌丝健壮，无扭结、退菌斑（螨噬斑）、黄水，菌丝尖端整齐，菌龄为15d的培养皿母种。

（2）用φ6mm的打孔器进行切割，获得φ6mm的种块（打孔处距培养皿菌丝边缘0.5～0.7cm），一圈约可打32个孔。

（3）用接种针挑取种块抛入灭菌后的三角瓶内，每瓶接种块8枚。

（4）静置一夜。

（5）置于摇床中，25℃，150r/min培养6d。

（6）把摇瓶置于磁力搅拌器上将菌丝球打碎（14～15h）。

菌丝量测算办法

取摇匀的菌液，离心机8 000r/min离心10min，弃去上清液，倒置约1min，再8000r/min离心3min，弃去上清液，倒置1min左右称重计算。

$$菌丝量 = \frac{离心后总重 - 离心管重}{离心前总重 - 离心管重} \times 100\%$$

三、发酵罐液体菌种制备

发酵罐培养是液体种制备的最后一步也是关键一步，发酵罐培养的好坏直接影响菌种的活力及菌丝的含量等一系列指标。

1. 发酵罐的组装连接

（1）将90°宝塔接头用内径7mm的硅胶管连接（图8-2，a）。

（2）连接过滤器（赛多利斯，0.2μm），每组3个，每个间隔20cm（图8-2，b）。

（3）将两组过滤器连接好后通过宝塔三通连在一起并再接一根内径

7mm、长20cm左右的硅胶管（图8-2，c）。

（4）取内径10mm的硅胶管与直宝塔接头连接（图8-2，d）。

（5）将连接直宝塔接头的硅胶管另一端与进气单向阀相连，硅胶管长度为1.8m（图8-2，e）。

（6）取内径10mm、长1.8m的硅胶管与出料口连接（图8-2，f）。

（7）取内径7mm、长60cm的硅胶管与出气孔相连（图8-2，g）。

（8）与出气孔相连的硅胶管末端连接一个60mL的注射器针管（图8-2，h）。

组装连接好的发酵罐见图8-3。

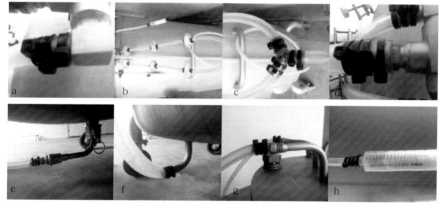

图8-2 发酵罐的组装连接步骤

图8-3 组装连接好的发酵罐

·温馨提示·

连接过滤器时注意过滤器的连接方向，有字的一面为进气接口，连接注射器时需将注射器喷嘴外沿刻（烫）几道环形沟槽，以增加摩擦力，连接点用耐高温扎带扎紧，相邻的两根扎带锁紧方向相反。

2. 发酵罐培养基配方　磷酸二氢钾 500g、硫酸镁 500g、白糖 8 320g、豆粕粉 1 500g、消泡剂 40g、水 750L，pH6.2。

3. 发酵罐培养基制备

（1）将进气止回阀与发酵罐底端进气口连接，锁紧。

（2）将出料管折起扎紧，末端用铝箔纸包住。

（3）将精密过滤器组的出气端硅胶管用霍夫曼止水夹夹紧，进气端用铝箔纸包住。

（4）在注射器针管中塞 2g 棉花并用线绳固定，再用霍夫曼止水夹锁死其中一个出气孔，保证灭菌过程中有一个出气孔是开放的。

（5）加水检查发酵罐进气孔及出料孔是否有连接不紧的问题。

（6）将称量好的药品按磷酸二氢钾、硫酸镁、白糖、豆粕、消泡剂的顺序溶解后加入发酵罐中。

（7）加水至 750L，将发酵罐罐口盖好，锁死。

（8）检查止水夹是否锁死、暴露的管口是否包好。

（9）先 105℃灭菌 30min，再 123℃灭菌 90min，最后闷置 20min 灭菌。

·温馨提示·

　　消泡剂须最后加入发酵罐中；使用止水夹时一定要确认完全锁紧，以防漏气或发酵罐料液倒流至精密空气过滤器组，尤其确保过滤器出气端锁死。

4. 发酵罐出炉

（1）灭菌结束后将发酵罐拉出，并将过滤器组进气端用止水夹锁死。

（2）将洁净空气打开，气压调至 0.1 ~ 0.13MPa，减压阀如图 8-4 所示。

（3）将发酵罐进气管铝箔纸撕下并用 75% 酒精消毒后与用酒精消毒的洁净空气出气管连接扎紧。

图 8-4　减压阀

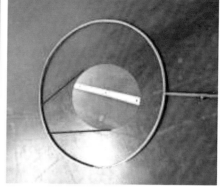

图 8-5　淋水降温装置

（4）按过滤器组进气端、过滤器组出气端的顺序解开止水夹。

（5）发酵罐通气正常后，接通冷却水管对发酵罐进行淋水降温。淋水降温装置如图 8-5 所示。

· **温馨提示** ·

　　发酵罐罐温及出气孔蒸汽温度较高，应做好防烫伤工作。

5. 发酵罐接种

（1）发酵罐温度降至 25℃以下时将出气孔锁死。

（2）待罐内不再有洁净空气补入后，按过滤器组出气端、过滤器组进气端的顺序将硅胶管用止水夹锁死。

（3）拔去洁净空气出气管，发酵罐进气管口用酒精棉球包好。

（4）将发酵罐罐体用洁净空气吹干后放入发酵罐接种间。

（5）将接种间洁净空气打开，气压调至 0.1MPa。

（6）将酒精消毒后的发酵罐进气管与消毒后的洁净空气出气管连接扎紧，调整减压阀压力略高于罐内压力（略高于冷却时补齐压力）。

（7）按过滤器组进气端、过滤器组出气端、出气孔（一直未被打开的气孔）的顺序解开止水夹。

（8）戴上橡胶手套做好手部清洁消毒后，用酒精擦拭接种口及周围（图 8-6），之后再用火焰焚烧处理（图 8-7）。

（9）将接种口处的火圈填上 95% 酒精浸湿的棉花条点燃（图 8-8）。

（10）用酒精擦拭菌丝打碎完成的三角瓶。

（11）将洁净空气气压调至 0.07MPa，打开接种口并借助接种口火焰将接种口盖子灼烧灭菌（图 8-9）。

（12）借助接种口的火焰对三角瓶瓶口进行灼烧灭菌（图 8-10）。

（13）将三角瓶中的菌种缓慢倒入发酵罐中（图 8-11）。

（14）盖紧发酵罐接种口盖子并熄灭接种口火焰。

（15）接种完成后将减压阀压力缓慢下降至 0.045MPa。

图 8-6　用酒精擦拭接种口及周围

图 8-7　火焰焚烧处理

图 8-8　点燃用 95% 酒精浸湿的棉花条

图 8-9　借助火焰将接种口盖子灼烧灭菌

图 8-10　三角瓶瓶口火焰灭菌

图 8-11　将菌种倒入发酵罐中

·温馨提示·

出气孔止水夹要缓慢解开，以免压力过大将针筒内棉花吹向一端，影响排气；三角瓶瓶口进行灼烧灭菌时，菌种不得碰触到瓶口的棉塞；接种过程中接种口火焰不可熄灭；打开接种口盖子时需用镊子压住缓慢泄压；酒精易燃，手部酒精干后方可进行操作，如若手部酒精燃烧起来应沉着冷静，立即脱去橡胶手套，熄灭燃烧的酒精棉时应在水中浸灭或盖灭。

6. 发酵罐培养

第1天：罐温22.0～24.0℃，出气孔料香味浓甜，菌丝球极小，可见接种的直径1～1.5mm的原菌球，料液浑汤状（由固体原料微粒造成），料液上层有极少量泡沫（清透），CO_2浓度为600～1 000mg/L，罐压调为0.05MPa。

第2天：罐温22.0～24℃，出气孔料香味浓甜，菌球稀少、略不规则、星芒状、芒短、直径小于2mm、色白，料液较上一日稍清，视窗上有棕色固体物附着，料液上层有少量泡沫（清透），CO_2浓度为1 000～1 500mg/L，罐压调为0.05MPa。

第3天：罐温22.0～24.0℃，出气孔有料香味、甜味、无异味，菌球较规则、星芒状或绒球状、直径2～4mm、色白，料液稍澄清，料液上层有少量泡沫（清透），泡沫厚度0.5～1cm，视窗上棕色固体物附着增多，CO_2浓度为3 000～4 000mg/L，罐压调为0.055MPa。

第4天：罐温22.0～24.0℃，出气孔料香味微弱、无异味，菌球星芒状或绒球状、芒稍长较细、直径2～4mm、色白，料液较澄清，料液上层有白色泡沫，CO_2浓度为4 000～5 500mg/L，罐压调为0.065MPa（图8-12）。

第5天：罐温22.0～24.0℃，出气孔料香味微弱或无料香味、无异味，菌球被打碎，大小为1～2mm，呈不规则丝状或碎屑状、色灰白、

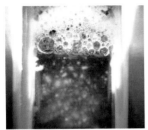

图 8-12　第 4 天的料液　　　图 8-13　第 5 天的料液　　　图 8-14　第 6 天的料液

无芒、悬浮，料液上层白色泡沫增多，罐压调为 0.09MPa（图 8-13）。

　　第 6 天：菌丝球较细碎、不规则，颜色灰白，静置后悬浮或缓慢下沉，确定无污染后，用于接种（图 8-14）。

　　· 温馨提示 ·

　　　　第 4 天时若泡沫过多需将罐压调为 0.055MPa 或 0.06MPa，第 5 天时不做罐压调整，若第 5 天有泡沫溢出应将罐压调至 0.05MPa，待不再有泡沫溢出时将出气孔锁死换另一个孔出气。

7. 发酵罐使用

　　（1）将菌龄 6d 的发酵罐按出气孔、过滤器组出气端、过滤器组进气端的顺序锁死止水夹后拉至生产接种间，锁死前发酵罐内补充洁净空气，确保罐内存在 0.1MPa 的正压。

　　（2）发酵罐移动到指定位置后，连接好洁净空气，气压调至 0.12MPa（略高于罐内气压），按过滤器组进气端、过滤器组出气端的顺序解开止水夹。

　　（3）将接种枪与灭菌后的管道连接完毕后组装好时控开关。

　　（4）将接种主管道与发酵罐出料管连接。

　　（5）解开发酵罐出料管扎带，并将罐压上调至 0.175MPa。

　　（6）调节时控开关，控制接种枪喷出量 18 ～ 20mL/ 次。

·温馨提示·

　　使用止水夹时一定要确认完全锁紧以防发生漏气或发酵罐料液倒流至精密空气过滤器组，尤其确保过滤器出气端锁死；发酵罐出料道与接种主管道连接前应先排出一部分料液，以免出料管道中沉积的原材料堵塞接种枪；接种枪与接种人员每30min做一次洗消工作；接种时接种枪要平、正，保证喷雾均匀，不可将菌种喷在包的一侧，更不可喷出包外。

○专栏○

液罐杂菌污染的原因查找

　　液罐污染俗称"倒罐"，是液体菌种制备的大敌。造成发酵杂菌污染的原因很多，涉及种、料、罐、气、人等相关因素和多个环节。有着很大的偶然性和不确定性。但它的发生还是有迹可循的。一般可以通过四个方面进行判断，分析各种表象，追踪查寻到污染发生的源头。

　　杂菌污染范围：单罐杂菌污染还是多罐杂菌污染？如果发生同天配制的发酵罐全部污染，一般可以判断是系统（种菌系统、空气系统、灭菌系统等）或工艺出现问题。

　　杂菌污染概率：偶尔发生还是反复发生？如果某个液罐反复发生污染，一般判断该罐本身存在隐患。可以检查其柜体及连接管道、视镜是否有破损泄漏或因加工不良留有死角。

　　杂菌污染时段：污染发生在发酵前期、中期还是后期？杂菌在液体环境中增殖速度是非常快的，可以根据杂菌污染发生的时段倒推分析出可能在哪个环节出现纰漏。如果在发酵早期（第1～2天）发生杂菌污染，可能是菌种带有杂菌、空气带有杂菌或灭菌不彻底。如果在发酵中期（第 3 ~ 4 天）发生杂菌污染，重点追查接种操作；如果在发酵后期（第 5 ~ 6 天）发生杂菌污染，可考虑是否取样操作存在问题。

　　杂菌类型：是耐热性杂菌还是非耐热性杂菌？如果是真菌，可考虑空气管道积水及接种环节；如果是非耐热性的球菌或杆菌，应重点排查空气系统、冷却系统或接种操作；如果是耐热性的芽孢杆菌，基本可以判断是由灭菌不彻底引起的。

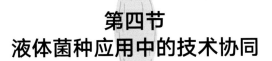

第四节
液体菌种应用中的技术协同

　　有些企业反映液体菌种在实际应用中效果不理想，分析其原因，除了前文所述的液体菌种制备环节掌握有偏差外，还有一个重要方面：没有注意相关工艺技术的协同配合。

　　1. 用种时段的掌握　液体菌种应在其活力最强时接入固体培养基，其最佳的适用时间只有一二天。过期就会发生菌龄老化、菌球自溶等问题，勉强使用会影响最后成品菇的产量和质量。因此要特别注意生产的安排衔接。

　　2. 封面时段的调整　杏鲍菇液体菌种接入固体培养料后，正常情况下 24h 萌发，72h 完成封面。有些企业反映菌种萌发慢、定植差，发菌速度与固体菌种相比毫无优势，还容易发生杂菌污染。如排除液体菌种本身原因，其问题往往出在培养料和培养环境的配合上。液体菌种对营养条件和空间环境变化的适应能力要远逊色于固体菌种。如栽培料稍有发酸变质或者 pH 调节偏离过大，都会直接影响其萌发吃料。pH 过低，会导致定植差、封面慢；pH 过高，会发生菌丝生长过旺影响后期出菇的问题。因此必须严格把握培养料的制作质量，适当采用碳酸钙等缓冲剂，把 pH 调到最佳值范围，解决好液体菌种接入栽培料后萌发差的问题。另外，菌种萌发快慢与空间环境也大有关系。有的企业采用大库房培养，为了防止处于发热周期的菌瓶发生高温障碍，一般都把平均库温调得较低，而新接种的菌瓶在这种较低温的环境下，萌发就会迟缓。所以，建议大库房培养最好采用分区放置的方式。可将刚接种的批次，集中放在一个分隔区域，并把工艺温度适当调高 1 ～ 2 ℃，待其 3 ～ 5 d 后完成封面，再及时移到温度较低的库区继续培养。

3. 发热时段的控制 液体菌种由于渗透性好、接触点多、发菌迅速，因此菌瓶（袋）发热比固体菌种早而集中并且温度高。一般杏鲍菇在接种液体菌种后的第 6 天就会产生自发热，并且在 10 ～ 15d 时达到峰值，此时培养房若不及时采取相应的通风降温措施，就可能出现"烧菌"情况，并发生高温障碍。忽视这一点，墨守原有固体菌种的培养工艺，常会造成不良后果。当然有些企业原有的设施条件有限，即使采取降温措施也无法完全解决其集中发热的问题，此时可以采取一些补救措施，例如，拉开培养房的堆垛距离、降低瓶筐的摆放密度、加大通风等。

4. 发菌差异的判断 与固体菌种比较，液体菌种发菌阶段的表现也较特殊：一是发菌形态不同。固体菌种是菌丝自接种点开始整齐向周边蔓延推进，而液体菌种是沿着渗透、流挂处多点展开，渐渐如"大花脸"一般。不明就里的人或还以为是发生细菌污染。二是发菌速度不同，杏鲍菇（瓶栽）正常可以做到 3d 封面，5d 过颈，10d 透底，18 ～ 20d 满瓶，比固体菌种减少 5 ～ 7d。但发菌快并不代表生理成熟，因此满瓶后还应安排 7 ～ 10d 的后熟期。三是菌瓶（袋）底部容易积水。一些单位改用液体菌种后较易发生菌瓶（袋）底部积水现象。原因是培养料配制仍习惯承袭固体菌种的工艺参数，水分的占比调到标准上限，随后接种液体菌种时瓶（袋）内又增加了 20mL 菌液量。培养料持水性稍差时，就会有一部分游离水析出，集中在瓶（袋）底部，排挤了培养料缝隙之间的空气，菌丝就无法正常生长。因此在拌料时要综合考虑适当降低水分占比。

第五节
还原型液体菌种

　　液体菌种也有其弱点和不足，既难以保存，更不方便远途运输携带。这给实行专业化供种方式的生产企业带来了很大的使用困难。为了解决这一矛盾，日本起源生物技术株式会社在 2003 年开发了一种还原型液体菌种，就是先将深层培养后的菌种过滤脱水，使其与液体营养基质分开，再将获得的脱水活体菌丝压成块状，其放在 5℃ 环境中可以保存一个月。还原型液体菌种体积大大缩小也较好地解决了异地供种的难题，使用时只要加入一定量的无菌水与之混合稀释，充分打碎，就能直接喷洒接种。这种还原型液体菌种具有两大优点：一是菌液几乎不含以糖分为主的营养物质，不但不易引发污染，而且渗透性更强；二是打碎的菌丝既短又细，断面更多，大大增加了与固体培养料的接触点。实际使用时，菌丝封面大概在 7d 左右，对前段培养的环境要求比较高。2009 年日本长野县对这一技术进行推广普及，以后我国不少企业也有引进使用。

第九章　生产用培养料

　　料、种、管是食用菌栽培的三大关键问题。培养料是食用菌生长发育的物质基础。菌丝体直接生长在培养料内，出菇以后，子实体生长发育所需要的营养也来自培养料。培养料的营养成分、搭配组合以及性状优劣，都会对杏鲍菇的产量、质地、口感、风味以及食用安全性产生影响。例如以木屑为主料栽培的杏鲍菇在质地、口感和风味方面均比以玉米芯为主料栽培的好。

第一节
培养料的类别

培养料含有适合食用菌生长所必需的营养物质，主要包括碳源、氮源、矿质元素及维生素等。要求各种营养物质组成全面，配比合理。可以用于栽培食用菌的原料有很多种。按用量的多寡划分，培养料可分为主料和辅料两大类。

一、主料

主料是组成培养料的主要原料，是培养料中占比最大，以提供碳素营养为主的材料，如木屑、甘蔗渣、玉米芯、秸秆等。

1.木屑　杏鲍菇属于白色腐生菌，消化吸收木质纤维素的能力很强，所以木屑（图9-1、图9-2）是它的主要碳源。材质选择以阔叶树木屑为优，但不同树种对杏鲍菇菌丝生长的影响存在差异。工厂化大规模生产需要长期稳定的材料来源，在国家保护自然森林资源的前提下，当地或周边的速生人工绿化林或果木林的主干枝丫都是可选之材。如杨树、杉树、桑树、梨树、苹果树木屑及杂木屑。从使用效果来讲，杂木屑优于杨树、梨树等的木屑，但需经过3个月淋水处理去除其中有害物质才能使用。而杨树木屑则可直接投入生产使用。为了探究杏鲍菇栽培适合利用的木屑树种和堆置处理时间，对梨树木屑（未发酵）、枫树木屑（未发酵）、杂木屑（未发酵）、杂木屑（半年以上长期发酵）4种木屑进行了对比试验。结果表明，与梨树木屑、枫树木屑相比，杂木屑较适合用于杏鲍菇栽培，其商品菇数量和单产均高于梨树木屑和枫树木屑；但长时

图 9-1 木屑

图 9-2 木屑淋水

间堆置发酵（超过半年）的杂木屑，产量反而不如不发酵的木屑，由此说明木屑发酵时间会影响木屑的营养成分和利用效果。

由于木屑的颗粒过粗或过细均会影响菌包内的菌丝呼吸及后期产量，因此以粗细搭配的木屑为好（粒径 ≤ 2mm 的占 60%，粒径 ≥ 6mm 的占 5%）。

2. 甘蔗渣　甘蔗渣（图 9-3）也是杏鲍菇栽培的主料之一。其特点：一是营养丰富，含纤维素 46%、半纤维素 26%、木质素 23%，但粗蛋白含量较低，只有 2.3%。二是组织结构疏松，在配方中可起到很好的透气和保水作用。新的甘蔗渣质地较硬，酸碱度较低，需喷淋堆置半年以上方可使用。堆积处理好的甘蔗渣出菇量高且产量较稳定。使用前甘蔗渣需经过打散处理，一是有利于制包搅拌，二是有利于排除甘蔗渣内有害物质。采购时原则上选择持水率高、松软的粗料作为优质原料。

3. 玉米芯　玉米芯（图 9-4）含粗蛋白 3.4%、粗脂肪 1.4%、粗纤维 32%、可溶性糖类 48.4%、灰分 5.1%。玉米芯主要由麸糠层、木质层和海绵絮层三部分组成，其中木质层占比为 60%，麸糠层和海绵絮层占比为 40%。原料要求含水量在 13% 以内，新鲜，无霉变、无异味、无结块。玉米芯颗粒的粒径影响菌包的透气性和营养物质的分解吸收。

有研究表明，玉米芯颗粒的粒径为 2 ~ 6mm 较适宜，粒径 >6mm 的颗粒不宜过多。

还需要注意的是由于玉米的产地、品种不同，其 pH 和含糖量也会

图 9-3　甘蔗渣

图 9-4　玉米芯

有所不同，东北的玉米芯 pH 普遍低于山东、安徽等地的玉米芯，红色玉米芯一般含糖量高于白色玉米芯，但质地较硬，使用前应做预湿处理。玉米芯糖分含量较高，在水中浸泡容易导致糖分流失，整袋预湿容易发热引起酸败，因此最好采用活水喷淋的方法。使用时注意调节好酸碱度以利于高产。

二、辅料

辅料是培养料中含氮量较高，以提供氮源为主的物料。它们在培养料中的用量占比较小，但种类较多，如麦麸、米糠、甜菜渣、豆粕以及玉米粉等。

1. 麦麸　麦麸（图 9-5）是杏鲍菇生长过程中的优质有机氮源，其营养丰富，粗蛋白含量约为 15.8%（以干重计）。此外，含有脂肪酸、维生素 B_1、维生素 B_2 和较丰富的烟酸。添加麦麸的目的主要是补充氮源和维生素，以促进菌丝生长和呼吸消耗，提高子实体生长阶段羧甲基纤维素酶、半纤维素酶的活性以及生物学效率。麦麸进料要求新鲜无结块、无霉变，含水量控制在 13% 以内；保藏期间注意防潮。

2. 豆粕　豆粕（图 9-6）是一种长效性营养源，粗蛋白含量为 41%～48%。添加豆粕可显著缩短杏鲍菇生长周期及提高产量。要求新

图 9-5 麦麸

图 9-6 豆粕

鲜无结块及霉变，含水量控制在 13% 以内，90% 的颗粒粒径 ≤ 4mm，若颗粒较大需经过粉碎再使用。

3. 玉米粉 在杏鲍菇的生长过程中玉米粉（图 9-7）主要提供淀粉碳源。新采购的玉米含水量需控制在 14% 以内，无瘪粒及霉变，储存于干燥通风处，经过粉碎加工后使用。

4. 石灰 生产用的石灰（图 9-8）主要指生石灰，又称氧化钙。培养料中加入石灰有以下作用：①能补充培养料中的钙元素，钙是纤维素分解酶的激活剂，可促进纤维素的分解；②中和培养料中过多的酸，维持适合子实体生长的胞外酸碱度，因而有增产作用。③添加石灰还有抑菌和杀菌的作用。但石灰的添加量不宜超过干物质总量的 2%。

图 9-7 玉米粉

图 9-8 石灰

5. 轻质碳酸钙　作用：①提供钙素营养，促进菌丝生长，帮助形成子实体，而且这种作用缓慢而持久，对菌丝生长十分有利。②不断中和菌丝生长中产生的有机酸，使培养料的酸碱度不致下降至过低。③辅助固定菌包形状。④当钾、镁、钠、磷元素存量过多时，钙可以抵消它们对蘑菇营养生理的有害影响。⑤钙离子还可以在培养料发酵后，与腐殖质结合成凝胶状态，增加培养料的黏结性和团聚性，以利于保持水分和养分。

石灰和碳酸钙可以混合使用。这两种物质的钙离子被吸收后，残留在培养料中的硫酸根呈酸性，碳酸根呈碱性。故两者配合使用效果更好。

三、培养料的配比组合

（一）国内杏鲍菇常用培养料配方

配方一：木屑 35%，玉米芯 30%，麦麸 23%，玉米粉 5%，豆粕 5%，石灰 1%，轻质碳酸钙 1%，含水量 66%。

配方二：木屑 35%，甘蔗渣 15%，玉米芯 15%，麦麸 23%，玉米粉 5%，豆粕粉 5%，石灰 1%，轻质碳酸钙 1%，含水量 66%。

配方三：甘蔗渣 30%，玉米芯 20%，木屑 20%，麦麸 15%，豆粕粉 8%，玉米粉 7%，含水量 65%。

配方四：甘蔗渣 15%，玉米芯 20%，木屑 20%，麦麸 20%，豆粕粉 10%，玉米粉 10%，甜菜渣 5%，含水量 67%。

（二）工厂化生产杏鲍菇所用培养料配方的发展趋势

杏鲍菇的不同菌株以及生长发育的不同阶段对营养的需求是有差别的。而各种原材料的营养成分和营养作用也是有差别的。目前工厂化生产在配方考虑上，有如下趋势：

一是多种原料组合。许多企业在培养料配方中都采用复合碳源和复合氮源，如木屑、玉米芯、甘蔗渣、米糠、麦麸等原料，还会针对性地添加豆粕、酒糟、甜菜渣、高粱壳等成分。因为从营养角度来说，食用菌不仅需要碳、氮等大量元素，也需要许多微量元素及一些特别的生长因子。培养料配方组成越多样，营养就越全面，对于增加产量、提高质量、改善性状是非常有利的。另外，从营养成分的释放来说，不同原料的消化分解速度也是不一样的，如双糖、淀粉比较速效，木质纤维素比较缓效，同样是木屑，速生树种比较容易分解，硬木屑分解耗用的时间比较长。所以不同原料组合在营养供应的时段上也会形成互补。

二是高营养化配比。目前在杏鲍菇培养料配方上，许多企业都加大了麦麸、米糠、玉米粉等精料的用量比例。碳氮比一般都在20∶1左右。这是因为工厂化企业从经济角度出发，往往注重最短时间内的最大化产出。杏鲍菇、金针菇等木腐菌品种的生产，都摒弃了传统栽培多潮采收的做法，而刻意追求一潮菇的最大采收量。麦麸、米糠、玉米粉这类精料既富含碳源，又富含氮源。在菌丝生长初期，当木屑、玉米芯中的纤维素、木质素尚未完全降解提供足够碳源时，米糠和麦麸中的淀粉可以作为碳源进行补充。在子实体生长阶段，米糠和麦麸中富含的蛋白质又可以作为氮源提供营养需要，起到了双重作用。此外，米糠和麦麸中含有的大量生长因子（维生素 B_1）及烟酸等，是菌类生长发育所不可缺少的。至于以往业内普遍认为的原料富营养化容易造成污染比例高的问题，在工厂化生产中还是很容易解决的，只要控制好从拌料、装瓶到送入灭菌的时间段，不让培养料发热变酸即可。还有原料的富营养化可能导致培养阶段发菌放缓的问题，通过调整改善培养料质地结构也能加以解决。

三是功能性添加。第一种是增收剂，日本和韩国的企业很多采用专门生产的由矿物质粉碎物和微量元素组成的增收剂，认为其增产效果明显。第二种是改善剂，如添加活性炭。活性炭的吸附能力很强，在相对湿度 50% 以上时，能迅速吸附 20% 左右的水分。利用其作为锁水剂，既可以保持培养料的水分含量，又可改善培养料的透气性，为菌丝的生长提供良好的生存空间；利用活性炭的吸附功能，还能保持培养料中的营养成分并使其缓效释出；活性炭还有改变培养料的酸碱度、吸附有害金属和毒素、抑制杂菌等作用。第三种是保水剂。采用广口瓶栽培，容易发生料面水分蒸发过快从而影响后期营养输送的问题。在培养料中添加一种高分子材料的保水剂，它有极强的锁水能力，能迅速吸收和保持自身重量 100 多倍的水分，形成在外力作用下也很难脱水的凝胶状物质，但是菌丝却能将其中的水分轻易吸出。因而在出菇后期，培养料内保持的这部分水分就能输送足够的营养。

培养料不仅要考虑营养全面，还应注重配方合理。其中最主要的是碳源营养和氮源营养的比例。碳氮比不仅影响菌丝体的长速和质量，还与头潮菇的原基形成早晚、数量以及子实体的品质有较大关系。在最适碳氮比下，菌丝生长快，浓密，健壮。优质商品菇的数量多，产量高，生物学效率高。根据试验研究，目前一般认为在营养生长期，即菌丝体生长阶段，对氮元素需求较多，碳氮比最好是 20：1，而在生殖生长期，即子实体形成发育阶段，对碳元素的需求增多，最佳碳氮比为 (30 ~ 40)：1。

第二节
培养料对栽培效果的影响

培养料不仅为菌丝提供营养，也为其提供生存生活空间。由于菌丝和培养料之间具有极大的接触面积，发生着频繁的物质交换，彼此强烈影响，因而培养料也是一个重要的环境生态因子。使培养料结构中的水、肥、气、热状况时常处于最好的协调状态，是菌物生长的良好基础。

一、培养料物理性状对栽培效果的影响

　　培养料是固体、液体和气体三相物质组成的一个整体。固体物质是各种大小成分不同的原材料有机物，它们提供菌物生长发育的各种营养；液体主要指水分，它们是菌物生命活动所需水分的主要来源，其中溶有各种可溶性有机物和无机盐类，实际上是基质溶液；在水分占据以外的全部孔隙中都充满空气，培养料必须保持一定的通透性，才能为菌丝生长提供足够的氧气。

　　培养料的气、液、固三相中，固体基质是培养料组成的骨干，其按直径分为粗、细、粉粒。不同配方的培养料颗粒组成比例差异很大，把培养料中各种颗粒的配合比例或各种颗粒占培养料重量的百分比叫作培养料质地。粗粒过多，细、粉粒过少，培养料结构过于疏松，透气性好，但保水力很差，菌丝生长过快，容易造成后期瓶壁出菇。培养料中细粒和粉粒过多，质地致密，保水保肥能力强，但通气透水性差，菌丝生长缓慢。因此，培养料的粗粒、细粒和粉粒比例要恰到好处，才能保证菌丝的正常生长。

　　培养料水分的意义：①被菌丝直接吸收；②与可溶性盐类一起构成基质溶液，作为向菌物供给养分的介质；③参与培养料中的物质转化过程，如有机物的分解、合成等过程，都必须在水分参与下才能进行；在培养料所含的水分中，一种是吸入并容纳于基质组织或颗粒内部形成的结合水，另一种是存在于颗粒孔隙之间的游离水。调配基质最好的状态：结合水在颗粒内部趋向饱和，排斥空气，使有机质分解缓慢，有利于营养的积累；游离水只在颗粒外部形成水膜包裹，留出颗粒间的缝隙空腔，保证通气顺畅，有利于菌丝在孔隙间伸展，分解有机物转化为能被吸收利用的养分。所以这种结构的培养料既解决了水和空气的矛盾，也协调解决了营养保持和营养供给的矛盾。另外，水的比热较大，能使培养料温度相对稳定。

　　培养料的空气基本来自大气，还有一部分是由培养料中的生化过程

产生的。由于菌丝生长的呼吸作用和有机物的分解消耗氧气并释放出二氧化碳，因此培养料空气中的 O_2 和 CO_2 的含量与大气相比有很大差别，O_2 含量为 10%～12%，低于大气中的含量，CO_2 含量比大气中的高几十倍到几百倍。培养料通气使基质中消耗的 O_2 得到补充，并放出积累的 CO_2。所以维持培养料的适当通气性，是保证基质的空气质量、维持基质的营养供应、使菌物良好生长的必要条件。

食用菌栽培对于培养料的物理性状要求是很高的，具体体现在生产中其标准为：①均匀性好。各种料要混合充分，搅拌均匀。②分散性好。不会成团结块，保证送料顺畅、制包利落。③通透性好。各种料颗粒大小配合得当、松紧合适，保证菌丝呼吸顺畅，发菌迅速。④持水性好。能够保证整个生长发育期都有充足的水分供应。

二、培养料的化学性质对培养效果的影响

1.pH 的影响　pH 是培养料各种化学性质的综合反映，它与培养料中的微生物活动，有机质的分解，营养元素的转化、释放及有效性，养分的保持能力都有关系。所以一般把它列为评判和衡量栽培过程质量的重要参数（表 9-1）。

表 9-1　杏鲍菇栽培不同时段 pH 变化对菌包的影响

时段	pH标准	偏差值	问题影响
灭菌前	8.0～9.0		
灭菌后	6.0～6.8	≤6.0	定植慢，不吃料
		≥7.0	气生菌丝疯长
制冷前	5.2～5.6	≤5.0	菌丝老化
		≥6.0	生理成熟不够
采菇时	5.0～6.0	≤5.0	成熟不足
		≥6.0	成熟过度

　　pH 过高或过低对菌物生长繁殖的影响主要有以下几个方面：①影响和抑制菌体内的酶活性，使菌物的细胞生长和代谢受阻；②影响和改变细胞膜的渗透性，进而影响对营养物质的吸收和对代谢产物的排泄；③影响某些营养物质如镁、钙、锌、铁等金属离子的离解，从而影响菌物对营养物质的利用。这在液体菌种应用于大生产上表现更为突出。灭完菌的培养料以 pH 达到 6.5 左右最为理想，接完液体菌种后 24h 菌丝球就能在料面定植，72h 完成封面；如 pH 偏低至 6.0 或以下，菌丝球的定植速度就大大减慢，甚至出现不吃料的现象；如 pH 偏高至 7.0 或以上，会出现气生菌丝疯长现象。

　　2. 糖度值的影响　　培养料的糖度值变化与基质降解和营养摄取相关，影响到菌体发育的生物量和生物学效率。高温高压灭菌后，培养料的糖度值会升高到 8 白利度左右。这是因为灭菌同时也是对培养料的一个熟化过程，米糠、麦麸等受热后，其中的淀粉会部分水解转化为菌丝易吸收的小分子物质——葡萄糖。随着菌丝的不断生长，基质内易吸收的小分子营养物质逐步被利用殆尽，糖度值会有一个低值。为了接续营养，菌丝开始分泌并大量胞外酶，加速对培养料的降解，菌丝将其吸收转化为海藻糖和甘露醇并大量储存起来，因此当杏鲍菇培养达到生理成熟时，基质表面（含菌丝）的糖度值又会达到一个新的峰值（糖度值为 8 白利度），在子实体生长阶段，降解有所放缓，基质中的糖度值略有下降，随着子实体采收，菌丝开始了又一轮降解，为下一潮菇作准备，糖度又开始上升，保证菇体的生长需求。

　　3. 重金属的影响　　试验表明，杏鲍菇对培养料中的有害重金属有富集作用，而且有很高的耐受力。向培养料中添加铅（Pb）、汞（Hg）、镉（Cd）、砷（As）等重金属溶液，在达到一定含量时，会对杏鲍菇菌丝生长产生抑制作用，并导致子实体生长发育不良，产量和生物学效率显著下降；杏鲍菇子实体形态包括菌柄平均长度、菌柄平均直径、菌盖平均直径均有一定程度改变；重金属胁迫下的杏鲍菇子实体细胞结构也产生一定破坏，出现细胞变形、细胞壁溶解现象，并且液泡中发现黑色颗粒聚集体等。子实体中的重金属含量超标，不仅影响菇农的生产效益，还危及消费者的食用安全。所以在实际生产中要注意严格把控原材料来源和质量。

杏鲍菇工厂化栽培
Factory Cultivation of
Pleurotus eryngii

第十章　工厂化的生产作业

第一节
拌料

一、备料

首先按照配方备齐用于投产的各类原材料。各地区各企业的生产配方由于原料来源、使用习惯或工艺需要不同，因此差异很大。领发料时要核对品种、数量，并再次检查原材料质量是否合格。配料时各种原料的组合不仅要满足投放数量，还要达到工艺配比。为方便取用，避免差错，配好的料应按投放批次逐一堆垛，并且主辅料分开。

二、预处理

原材料的种类及来源情况往往大不相同，为了达到理想效果，有的需要在使用前进行一些预处理。

1. 预筛　食用菌生产用的原材料大多属于农林下脚料，在很多情况下会混入沙土、石子、线绳、金属块以及编织袋等杂物，很容易在生产过程中损坏机器。也有的收料加工环节不讲究标准，大小不一，成团结块。因此可根据具体情况在投料前用筛料机进行过筛除杂。

2. 预湿　为保证灭菌彻底，对玉米芯等材料采用拌料前预湿处理。一种是水池浸泡，可以建一个预湿池，拌料前将整袋玉米芯投入水池浸没半小时，捞起沥干即用于拌料；另一种是活水喷淋，用花洒接自来水对袋装玉米芯喷淋，多余水自然排掉，2h后即可使用。

·温馨提示·

注意切不可淋湿即停水，这样袋内玉米芯会发热变质，其结果适得其反。

3. 预堆　为降低原材料中所含有害微生物的基数，有的企业采用发酵预处理方式。将木屑（喷淋过）、甘蔗渣、玉米芯等主料按配方比例一起堆置，发酵 7 ~ 8d，其间每隔 2d 翻堆一次，不仅使所有栽培主料能够均匀湿透软化，还可以大大降低病原物的数量，为彻底灭菌打下基础（图 10-1）。

图 10-1　预堆

三、原料搅拌

启动搅拌机，按工艺顺序投料。先投入干料玉米芯、麦麸、豆粕、玉米粉、碳酸钙、石灰，干搅 5min，再投入蔗渣、木屑继续搅拌 20min，然后开始取样测水分，测水分的同时进行第一次预加水（水分含量控制在 65%），20min 左右水分测试完毕，第二次加水补足水分至 66%，从开始加水到开始放料时间控制在 40min，使其均匀混合后即可出料装袋。注意加入辅料后的搅拌时间不能过长，尤其在夏季高温季节，含蛋白质高的米糠等辅料加水后容易发热酸败；搅拌过程中，要经常测试含水量，以便及时调整，防止过湿。含水量的测试有两种方法，一种是人手捏料，即取一把搅拌料握在手心，用中等力度挤压，指缝中有水滴渗出滴下，此时含水量约为 65%。此办法简单易行，虽然每个操作者握力各有轻重，但结合仪器测量即可掌握诀窍。另一种是在搅拌机边设一个微波炉，称取 20g 原材料装入平皿中，放入微波炉用高中火加热 2 min 除去水分，取出再称重，用前后重量之差除以前重量，即可得到准确含水量。

每天作业完毕后，操作人员应随即对设备（包括附设的输送设备）及环境进行卫生清洁工作，用高压气枪把残留在筒壁和搅龙上的培养料清除掉，然后用清水冲洗干净并晾干。

生产量大的企业，应尽量采用大容积装量的搅拌设备，因为同批次的搅拌料在均匀度及含水量的控制方面比较一致。早前许多企业喜欢采用多台小型搅拌设备，实行 2 级、3 级接力作业，不但场地占用面积大，而且前后料的均匀度和含水量偏差也大。

第二节
制包

袋式栽培容器一般选用聚丙烯折角塑料袋，规格为 18.5cm×36cm×0.005 5cm 或 19.5cm×36cm×0.005 5cm，近年来更有采用折边20.5cm 的袋子；配以规格为直径 38mm、高 30mm 的塑料套环和衬以无纺布过滤的透气塑料塞。菌包周转一般选用塑料筐。

一、菌包的重要性

菌包作为杏鲍菇栽培用的一种载体，它为菌菇的生长发育提供了一个宜居的人工营养环境，其重要性比之植物的"温床"，动物的"育儿袋"有过之而无不及。因而制包环节直接关乎生产的优劣成败。

二、菌包制作

目前机械化制包较多采用的是圆盘容积式冲压装袋机，每台机器配4～5名工人。首道工位为套袋，即操作人员给依次经过的落料筒套上塑料袋。次道工位为装料，套上袋的加料筒转到料仓底下时，料仓中的拨料杆把培养料通过料筒定量拨入塑料袋中。三道工位为压料打孔，装满料的袋运动至此，冲压杆落下将袋内的培养料压紧同时打出接种孔；要事先调整好设备，并在作业过程中经常检查。做到包内培养料松紧合适，下紧上松；接种孔垂直光滑无塌陷，深度距离袋底1.5cm。四道工位为卸袋，压成一定高度的料袋转到位置后，夹袋机构在凸轮作用下松开夹袋指，料袋靠自重落到下转盘上。人工取袋后有两种处理：接种采用木屑种或谷物种工艺的，将一根带有尾绳的塑料打孔棒（长度16cm）垂直插入培养料，末端没入料面；接种采用枝条种或液体菌种工艺的则无须此举。接着是将塑料袋收口，加上套环，再将袋口翻出拉紧，使套环紧扣栽培料面，不留间隙，最后扣上盖子。制作完成的菌包装入周转筐送去灭菌。

目前国内企业已开始装备自动化装袋加盖装筐一体机，不但可以节省大量劳动力，提高生产效率，而且菌包制作的精度和一致性也有了大幅度的提高。

三、质量控制

菌包制作质量的控制非常重要，可以采用首件检验、过程检验和终末检验相结合的办法。主要检测项目如下：

1. **外观**　料面平整，袋壁与料面贴合，接种孔完整。
2. **高度**　装料高度18.5～19.5cm，明显超标的意味着装袋有问题。
3. **重量**　间接检查菌包密度的指标，以18.5cm×36cm的塑料袋为例，重量控制在1 350～1 450g/包较为合理。超出公差范围的，应拆包返工。

4.**含水量**　灭菌前 65% ～ 67%。

5.**酸碱度**　灭菌前 pH 8.0（挤压法）。

知识拓展

pH 检测有挤压法和浸提法两种，不同检测方法所得出的检测结果有一定差异。浸提法比挤压法高出 0.3 ～ 0.5。

挤压法：培养料，检测工具为市售精密 pH 试纸。

浸提法：培养料：水＝1：5，检测工具为市售酸度计。

四、容易发生的问题

1.**装料过松过紧**　菌袋过松会导致培养期发菌过快，使子实体营养不足，产量降低；过紧则会导致发菌延缓，培养不同步。

2.**袋壁不贴合**　导致大量气生菌丝发生，现蕾期袋壁出菇等。

3.**接种孔塌陷**　影响接种效果，尤其是使用谷物种或液体菌种。发生原因有多种，如培养料黏度过大、打孔棒残留料未清理、操作时动作失误而挤压。

第三节
灭菌

菌包制作完成后，应立即送去灭菌。灭菌是采用物理或化学手段，将菌包培养料中的各种微生物彻底杀灭，从而为栽培对象创造出一个仅有其单独存在的生物培养环境。作为关键工序之一，灭菌工作的优劣将在很大程度上决定杏鲍菇栽培的成败。

　　杏鲍菇工厂化生产一般采用先进的高压蒸汽灭菌方式，其原理是利用饱和蒸汽极强的穿透力，以及在冷凝时放出的大量潜热，使微生物体内的蛋白质发生凝固变性，从而导致死亡。就灭菌的设施设备而言，市售的规格型号很多，操作方法和灭菌工艺亦各有不同。为方便叙述，选取目前国内工厂化企业使用最广泛的双开门脉动式真空高压蒸汽灭菌柜作介绍。

一、灭菌程序和操作要点

　　1. 空炉进料　打开前端柜门，将装有菌包的周转筐整齐叠放在灭菌小车或床架上，顺着柜内轨道推入并依次排列在指定位置。装满后随即关闭柜门。其操作要点有两个：一是灭菌等待时间不能过长。从菌包制成下线到入柜灭菌的待机时间最好掌握在半小时，否则在夏季高温季节，菌包内的培养料会很快发热发酸，滋生大量有害微生物。二是灭菌工件的摆放很有讲究，最好是上下左右前后都留出适当距离，以便柜内蒸汽能均匀畅通地到达各个位置，不留死角。

　　2. 进气升温　关闭柜门检查门封条完成充气密闭后，即可启动抽气泵抽取柜内空气，形成 -0.08MPa 负压，然后通入高压蒸汽升温。5min 后停气再抽真空（-0.05MPa），再行进气，如此反复 2～3 次；然后直接进气升温至 100℃。该阶段的要点：一是脉动式抽气使柜内形成负压，进入的热蒸汽能迅速均匀分布至柜内各个角落位置，以消除柜内压缩在某个角落的"冷空气团"。二是快速通过 35～65℃ 的"中温区段"，如果在此区段停留时间过久，不但细菌基数会大量增加，而且一些耐温细菌可能借此生成芽孢休眠，增加了灭菌难度。

　　3. 维持温度　在 100℃ 点位上（此时压力表为"0"）维持稳定 60min，因为在第一阶段升温过程中，柜内温度上升很快，而包内温度上升较慢，此段工艺的目的在于平衡等待，直到两者之间的实际温度重合一致。此阶段由于大量的冷热交换，柜内会产生大量冷凝水，要保持疏水器畅通，防止柜内积水进入菌包。同时适当增加柜内进排气频率，及时将柜内和包内的冷空气排除。

4. 二次升温　启动设备将温度从 100℃ 直接升至 121℃，达到灭菌温度（压力 0.115MPa）。在此过程中，柜内温度值和包内温度值仍是有一定差异的，因此还要给予一定的等待时间。也有的企业选择在其间增加一个 110℃ 过渡的温区平台，即是同样的道理。

5. 有效灭菌　有效灭菌时间是从菌包中心温度达到 121℃，并持续保持此温度压力的时间段，加上一定的保险因素，一般将其设置为 90min。这个时段最重要的是关注温度和压力是否同步，为了不致发生掉温掉压的问题，可以采取定时间隔的小排气加补气的操作。

6. 闷置保温　关闭所有气动阀门，使柜内菌包处于闷置状态，保持 30min，以增强灭菌效果。在此时段内，柜内温度稍有所下降，而包内温度则下降得比较缓慢。

7. 排气降温　打开排气阀门排除柜内蒸汽，柜内和包内温度继续下降，当柜内压力接近 0MPa 时，应及时从外部接通补入纯净空气，以免发生负压回气造成污染（如采用抽真空加速冷却的，更要加装高效空气过滤装置，进行空气回补）。

8. 开门出料　待柜内回到正常压力，并且包内温度降到 95℃ 时，再打开后端柜门出料，此时要注意防止烫伤。

灭菌柜饱和蒸汽压力与温度对应情况及灭菌时间与温度的曲线关系分别见表 10-1 和图 10-2。

表 10-1　灭菌柜饱和蒸汽压力与温度对应值

压力 （MPa）	温度 （℃）	压力 （MPa）	温度 （℃）	压力 （MPa）	温度 （℃）
0.001	6.949 1	0.017	56.595 5	0.075	91.781 6
0.002	12.975 1	0.018	57.805 3	0.080	93.510 7
0.002	17.540 3	0.019	58.969 4	0.085	95.148 5
0.003	21.101 2	0.020	60.065 0	0.090	96.712 1

（续）

压力（MPa）	温度（℃）	压力（MPa）	温度（℃）	压力（MPa）	温度（℃）
0.003	24.114 2	0.021	61.137 8	0.095	98.201 4
0.004	26.670 7	0.022	62.142 2	0.100	99.634 0
0.004	28.9533	0.023	63.123 7	0.110	102.316 0
0.005	31.053 3	0.024	64.059 6	0.120	104.810 0
0.005	32.879 3	0.025	64.972 6	0.130	107.138 0
0.006	34.614 1	0.026	65.862 8	0.140	109.318 0
0.006	36.166 3	0.027	66.707 4	0.150	111.378 0
0.007	37.627 1	0.028	67.529 1	0.160	113.326 0
0.007	38.996 7	0.029	68.328 0	0.170	115.178 0
0.008	40.274 9	0.030	69.104 1	0.180	116.941 0
0.008	41.507 5	0.032	70.610 6	0.190	118.625 0
0.009	42.648 8	0.034	72.014 4	0.200	120.240 0
0.009	43.790 1	0.036	73.361 1	0.210	121.789 0
0.010	44.827 3	0.038	74.650 8	0.220	123.281 0
0.010	45.798 8	0.040	75.872 0	0.230	124.717 0
0.011	47.693 4	0.045	78.736 6	0.240	126.103 0
0.012	49.428 1	0.050	81.338 8	0.250	127.444 0
0.013	51.048 8	0.055	83.735 5	0.260	128.740 0
0.014	52.555 3	0.060	85.949 6	0.270	129.998 0
0.015	53.970 5	0.065	88.0154	0.280	131.218 0
0.016	55.340 1	0.070	89.955 6	0.290	132.403 0

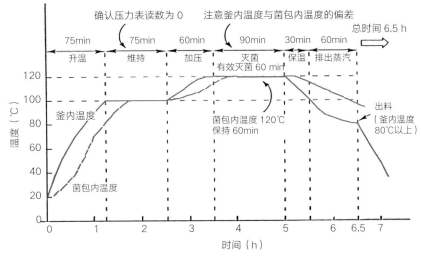

图 10-2　灭菌时间与温度曲线
（引自木村荣一）

二、影响灭菌效果的相关因素

在实践中，一些企业虽然硬件采用了非常先进的自动化控制的灭菌设施，但仍时有杂菌污染事件发生。那么，影响灭菌效果的因素究竟有哪些呢？

1. 微生物种类　在湿热灭菌中，各种微生物的致死温度和致死时间都是不同的，它们的热阻差异也很大，如酵母菌和营养细胞，相对热阻是 1.0，霉菌孢子是 $2 \sim 10$，病毒和噬菌体是 $1 \sim 5$；而芽孢杆菌则达到 3×10^6。某企业曾有这样的遭遇：一次灭菌升温 1h 后突然因设备故障停炉，操作人员将灭菌柜封闭，隔天重新启动灭菌操作，但效果极差。检查发现菌包内有大量芽孢杆菌。分析原因是一部分耐热细菌在停炉时段从营养细胞状态转成芽孢休眠状态，从而加大了灭菌难度。

耐热微生物致死温度见表 10-2。

表 10-2 耐热微生物致死温度

菌种	特性	灭菌时间	
		100℃	120℃
枯草芽孢杆菌（*Bacillus Subtilis*）	好气性	175～185min	7.5～8min
嗜热脂肪芽孢杆菌（*Bacillus stearothermophilus*）	好气性	834min	11～12min
生芽孢梭状芽孢杆菌（*Clostridium sporogenes*）	嫌气性	9～10h	15～17min
肉毒梭状芽孢杆菌（*Clostridium botulinum*）	嫌气性	330min	6～10min

注：引自芝崎勲，1975，食品杀菌工学。

严守正确的杀菌时间 ➡ （有效杀菌时间）
· 常压杀菌 → 培养料温度98℃以上，4 h
· 高压杀菌 → 培养料温度120℃，1 h

2. 初始菌量 许多企业都遇到过这样的问题，在夏季高温天气，菌包污染比例会显著上升，这是因为该时段培养料中的有害微生物会大量繁殖，导致含菌量短期内迅速增加。因此从拌料、制包到送入灭菌的时间一定要控制在 1.5h 内，在夏季可适当延长灭菌时间。

3. 受热均匀度 设备结构和物料摆放失当等，导致热蒸汽传导受到阻滞，不能均匀达到柜内各个位置，使局部存在"冷空气团"，造成菌包污染。如靠近两端门的菌包污染比例高。因此，柜内的气流组织和物料的堆叠摆放都应科学合理，采用抽真空工艺也是解决问题的较好选择。

4. 培养料性状 某些原料如未经预湿透的硬木屑或混杂在玉米芯中的干硬玉米粒等，中心部位始终保持着干燥状态，使得热蒸汽难以穿透而成为污染点。解决办法是对原材料进行预筛、预湿、预堆等前处理。

5. 蒸汽质量 由于各种原因，送入的热蒸汽中含有大量水分，这种不饱和蒸汽的穿透能力和潜热释放都会大打折扣。因此要检查锅炉的蒸汽发生和管道保温情况，以及分气缸和各级疏水器的工作状况。作业前，要先排空首段发生的蒸汽，预热管道和灭菌柜，并打开各个疏水器排空冷凝水。

三、灭菌对原料养分的影响

培养料灭菌不仅要达到杀灭消除一切微生物的目标，还要尽量减少对培养料营养成分的破坏。灭菌温度过高，时间过长，菌包内培养料的营养成分也会发生分解、变性、炭化等反应，导致 pH 严重下降，产生一些不利于菌物生长的物质，给后期菌丝的生长及子实体发育带来负面影响。虽然从理论上讲，细菌死亡的活化能要比培养料中营养成分破坏的活化能大得多，细菌死亡速率比营养成分破坏速率快得多，采用高温短时间的灭菌方法来减少营养成分破坏是很好的选择，并且这在液体培养料的灭菌中体现得非常充分，但是对于固体培养料的灭菌来说，由于培养料的传质传热效果很差，实践中往往不得不用延长灭菌时间来弥补。所以要二者兼顾，掌握好"度"。昆山润正生物科技有限公司在这方面做过大量的尝试，并取得了一定成果。该企业对杏鲍菇灭菌后的菌包质量指标考核规定：①彻底灭菌；②含水量 65%；③ pH6.5；④糖度 8 白利度。

细看这些指标，其实就是体现了灭菌程度和营养保持两个方面的兼顾。其中灭菌指标的实现是前提，是第一位的，否则一切都无从谈起。后三项是间接与营养成分和营养输送相关联的指标。

拓展阅读

关于培养料 pH 的变化及影响测定结果的因素分析

1. 培养料 pH 检测方法

采用两种检测方法分别对生料及熟料进行检测，在总计 16 次检测中有 14 次浸提法的 pH 比挤压法高 0.3，两次浸提法比挤压法高 0.2。

不同检测方法（行业不统一）pH检测结果

	方法	编号					
		1	2	3	4	5	6
生料	挤压法	8.7	8.9	8.8	9.2	9.1	9.1
	浸提法	9.0	9.2	9.1	9.5	9.2	9.4
	方法	编号					
		7	8	9	10		
	挤压法	8.6	8.9	8.7	8.9		
	浸提法	8.9	9.2	9.0	9.2		
熟料	方法	编号					
		1	2	3	4	5	6
	挤压法	6.2	5.9	6.2	5.9	6.1	6.0
	浸提法	6.5	6.2	6.5	6.1	6.4	6.3

注：检测仪器为上海三信PHB-3型笔式pH计（下同）。浸提法：料：水=1：5。

2. 原材料灭菌前后的pH变化

①粗料的pH为2015年6月28日测出，采取挤压法检测；精料的pH为2015年7月1日测出，浸提法检测，得出的数据减0.3。

②灭菌后粗料的pH下降严重，精料的pH变化较小。

原材料灭菌前后的pH变化情况

原材料	灭菌前			灭菌后		
	1	2	3	1	2	3
陈甘蔗渣	5.0	4.7	4.5	4.8	4.5	4.5
新甘蔗渣	3.4	3.4	3.5	3.4	3.4	3.4
木屑	7.5	7.2	7.4	5.5	4.5	5.2
预湿玉米芯	7.2	7.1	7.6	5.5	4.9	5.1
未预湿玉米芯		6.8		5.0	5.0	4.9
麦麸	6.1	6.1		5.9	5.9	
豆粕	6.2	6.2		6.0	5.9	
玉米粉	6.1	6.1		6.1	6.2	

3. 堆积原材料的 pH

①甘蔗渣采用自然堆积，陈旧蔗渣为堆积 1 年以上，新甘蔗渣为堆积 5 个月内，堆场渗水，来源为雨水，雨水 pH 为 6.4。

②木屑采取淋水堆积，堆场渗水，来源为井水，井水 pH 为 7.5。

③检测方法：挤压法检测。

堆积原材料 pH 检测结果

项目	原材料			料堆下方渗出液		
	1	2	3	1	2	3
陈甘蔗渣	5.0	4.7	4.5	5.1	5.5	5.4
新甘蔗渣	3.4	3.4	3.5	6.2	4.8	4.5
木屑	7.5	7.2	7.4	6.9	7.0	7.0
玉米芯	7.2	7.1	7.6	9.4	8.5	11.5

4. 制包时间对 pH 的影响

同一搅拌机的培养料从打包开始至结束，搅拌机内培养料的 pH 变化幅度为 0.1 ～ 0.3，出料开始至结束时间约 50min。

检测方法：挤压法检测。

制包时间对搅拌机内培养料 pH 的影响

项目	编号				
	1	2	3	4	5
出料开始	8.9	8.8	9.2	9.1	8.9
出料结束	8.7	8.5	9.1	8.9	8.7
差值	0.2	0.3	0.1	0.2	0.2

5. 灭菌保压时间对 pH 的影响

灭菌保压时间对 pH 的影响试验方案：采取小型高压灭菌锅，灭菌保压时间 0 表示灭菌前，灭菌温度 121℃，设置不同灭菌保压时间研究其对菌包 pH 的影响。

灭菌保压时间对 pH 的影响

编号	灭菌保压时间（h）				
	0	2	2.5	3	4.5
1	8.5	6.5	6.4	6.3	6.1
2	8.5	6.3	6.4	6.3	6.1
3	8.5	6.5	6.4	6.3	6.1
平均值	8.5	6.4	6.4	6.3	6.1

6. 灭菌后菌包冷却速度对 pH 的影响

第 1 排位置排放的是第一炉出炉的灭菌车，此处最靠近出风口，降温速度最快。随着离出风口的距离越来越远，菌包的数量越来越多，菌包的降温速度越来越慢。从测得的数据可以看出，离出风口越远菌包的 pH 越低。

每炉间隔时间约 110min。

灭菌后菌包冷却速度对 pH 的影响

出风口	pH
第 1 排（第一炉）	5.78
第 2 排（第二炉）	5.64
第 3 排（第三炉）	5.62
第 4 排（第四炉）	5.57
第 5 排（第五炉）	5.56
回风口	

7. 高压灭菌时间对生物学效率的影响

高压灭菌 90min 的生物学效率高于 120min，高约 5.15%。

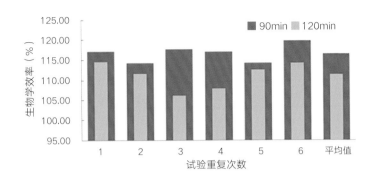

124℃高压灭菌的生物学效率

四、容易发生的问题及解决方法

1.柜体漏气　灭菌柜门扉发生形变或门封条失效，就会产生泄压漏气现象。操作员每天作业前要认真安装检查并进行压力试验，工作完毕后要拆下门封条进行清洁整理。平时常备若干封条，发现有问题应及时更换。

2.假温影响　采用自动控制系统的设备在连班作业时，常出现第二、三柜的灭菌效果不佳的现象，其原因为：该系统的灭菌行程是依据柜内温度变化控制的，首炉作业时，柜体是凉的，初始温度低，升温时间长，基本符合工艺设定要求，而当连续进行第二、三炉灭菌时，柜体是热的，升温后很短时间炉内温度就已达到预设指标，而实际菌包内温度却相差很远，故此造成灭菌失效。因此，最好改用包内温度变化曲线作为控制依据，或强制性地延长第二、三炉的升温时间。

3.菌包积水　如果摆放在灭菌车（架）底下几层的菌包大量积水，可判定灭菌过程中未能及时排除柜底的冷凝水，又被下部进气管喷出的高压蒸汽冲起而从袋口进入菌包。如果各个位置都有菌包积水发生，则是由于蒸汽中含有的水分过多，造成升温过程中进入菌包内的水分过多，并且菌包的封口物透气性较差，造成保压结束后菌包内的水分不易排出。

4. 菌包爆袋 经高温区灭菌后菌包内温度压力很高，如快速降温降压，就会发生爆袋冲料的现象。因此要控制好降温的时间节奏。

灭菌过程中菌包内水分变化分析

在升温的过程中，补汽量较大，灭菌柜内的温度及压力高于菌包内的温度及压力，蒸汽进入菌包内并冷凝，菌包内水分增加（如图中绿色标记部分）。

保压时间段，菌包内的温度及压力与灭菌柜内的温度及压力基本相同，此时菌包内的水分处于进-出动态平衡的状态，菌包内的水分基本维持不变（如图中红色标记部分）。

保压结束后，灭菌柜开始排汽，菌包内的温度及压力高于灭菌柜内的温度及压力，菌包内的水分开始向菌包外排出，并伴随有菌包内的水分沸腾的现象（如图中蓝色标记部分）。

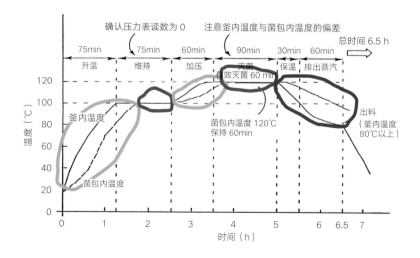

灭菌过程中菌包内水分变化分析
（引自木村荣一）

当菌包由灭菌柜移至冷却间后，菌包的温度下降，菌包内的水分向外界自由扩散，此时的扩散速度受到风速及包温的双重影响，菌包处在不断失水的状态。

灭完菌的菌包，可以说是为杏鲍菇菌丝生长特意置办的微型生态，一个人工营造的适合其生长发育的营养环境。

第四节
冷却

冷却是将灭菌后的菌包在洁净的冷环境中降温至适合接种的温度。冷却过程中要时刻保持环境清洁，避免菌包倒吸空气造成污染。

一、冷却室建设及设施要求

冷却工序和下道接种工序所需的设施可以整体布局，包括第一冷却室、第二冷却室、接种室、回车通道、人员进出通道、第一更衣室、第二更衣室、风淋室等（图10-3）。

其中第一冷却室、第二冷却室和接种室的空气净化等级为100 000级，局部100级。室内正压，洁净区和非洁净区之间、高洁净区和低洁净区之间保持适当压差。

洁净区屋顶和墙壁采用50mm厚彩色夹心板铺设，墙角采用圆弧形铝合金型材镶接，地坪可采用光滑、耐磨、易清扫的磨光石子地坪或环氧树脂地坪。第一冷却室为高温段的强排风制冷。一面用轴流风机强制

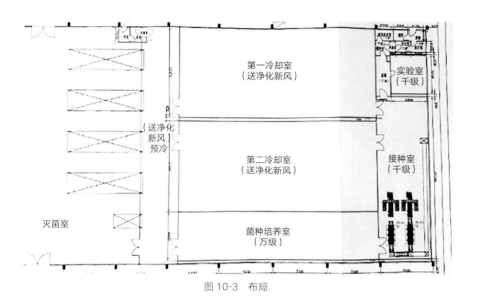

图 10-3　布局

向外排除菌包散射的高温热量，一面引入经高效过滤的室外新风。利用空气热交换的原理实现快速降温。进风口和出风口位置最好分别设置在相对两侧的墙上，形成水平层流。第二冷却室为中温段的冷风机强冷。采用室内风机循环打冷方式强制菌包降温至可接受的接种温度，为保证室内洁净度，另加装多台空气自净器和臭氧消毒机。风淋室和回车道前后门实行电子互锁，兼起气闸室作用，保证人流、物流进出符合洁净区工作要求。

二、第一冷却室的操作

操作人员在菌包出柜前 1h，打开第一冷却室的高效空气过滤系统送换风，使室内空气洁净度达到预设要求（为节约能源，冷却室在不工作时，仅启用中、高效过滤风保持室内正压即可）。随即相关人员从人员进出通道进入第一更衣室，换鞋、除饰后进入第二更衣室，脱下外衣，换上洗净消毒的专用衣帽鞋和口罩，经风淋室除尘后进入操作区。在确认灭菌柜已完成作业并且柜内压力降至"0"位时，方可进行出柜操作，先释放门封条压力，然后启动开锁机构，先将门稍许打开一些，让柜内热蒸汽快速逸出（人员切不可正面相对以防烫伤）。然后按顺序拉出灭菌车（架）放到预设位置。车（架）排列应尽可能顺着进排风走向设置，排与排之间留出一些间隙，以便形成穿堂风效果，把两边菌包辐射出的热量带走。应该说室内外温差越大，强排风降温的效果越好。一般 1.5h 左右，即可使菌包内温度从 100℃ 降到 55℃ 左右。此时，即可将工件转移至第二冷却室进行下一步作业。

三、第二冷却室的操作

第二冷却室根据生产量需要配置功率充足的制冷机组。制冷机的制冷功率：依生产需求每 1 万个菌包设置 9 ~ 11kW；而冷却效果的好坏关键在于室内机（蒸发器）和循环风的组织分布是否合理，能否确保各点位置降温的均匀性。同样，第二冷却室在作业前也要提前打开制冷机和消毒器等设备，进行降温和消毒。工件转移要贯彻"先进先出"原则，按顺序将灭菌车（架）移至第二冷却室中间区域，置于室内机的风口范围下，注意不要堵塞回风口，避免使之无法进行有效的制冷循环。这里，工件的摆放位置仍是重点，不同位置之间的菌包温度会存在明显差异，摆放不合理会使在设定的冷却时间结束后仍有部分菌包达不到接种的温度要求。操作人员应经常对各点位置进行抽查测温，掌握规律，不断调整排列方法。经过 8 ~ 10h 的强制冷，包内温度可降到 20 ~ 25℃，达到接种要求。

四、倒吸污染的控制

以往对冷却工序的研究往往关注的是如何快速降温，如何均匀降温，而对降温过程伴随而生的"回气倒吸"问题却关心研究不够。实际在灭菌过程中，菌包内的空气会随着温度升高而膨胀外逸；在冷却过程中，菌包内的空气又会随着温度降低而收缩回抽，这就是所讲的"倒吸"。它之所以越来越引人关注，就是因为许多菌包污染原因并不是灭菌不彻底，而是菌包冷却的"回气"阶段带进了新的病原物。图 10-4 显示了冷却过程中倒吸量和温度的关系。

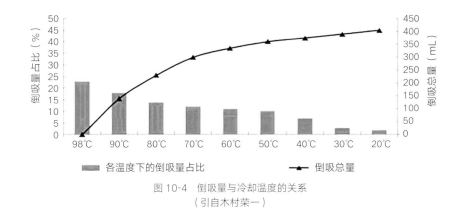

图 10-4 倒吸量与冷却温度的关系
（引自木村荣一）

该试验用 850mL 培养瓶进行，用蒸汽加热培养料至温度达到 98℃后停止加热，在冷却过程中测定从 98℃ 降温至 20℃ 时的空气倒吸量。以上试验数据表明，冷却过程中空气倒吸明显，降至 20℃ 的过程中空气倒吸量接近瓶子容积的 50%。

可见，回气倒吸是菌包冷却阶段的客观存在，但是否造成污染却是由环境状态和卫生条件所决定的：

（1）回气没有保护。出于工艺需要，各种型号的灭菌设备大都有回气管路，但有的是"裸装"，直接与操作间环境相通；有的虽装有空气滤芯，但其实也只能起到阻挡粉尘的作用。当灭菌柜开始降温泄压，柜内压力"归零"后，外部污浊的空气就会随着菌包的继续降温回补进来，造成污染。因此灭菌柜的回气管一定要和高效过滤的气源连接。

（2）出料区密封差。常发现靠近后端柜门的菌包污染率很高。原因是灭菌柜安装时，柜体与隔热墙之间没有做好密封（有的即使合缝，使用后的一个阶段因柜体热胀冷缩影响也会开裂），出料之际柜门打开，瞬间大量热蒸汽从门的上方冲出，门的下部就会形成负压。外部的污浊空气就会从柜体隔墙间的缝隙"短路"一拥而入。这种情况占回气污染的比例很高。因此要经常注意检查柜体和隔墙之间的密封性。

（3）冷却间卫生不达标。有的企业作业粗放，采用自然降温，也不设置空气过滤系统，只靠药剂熏蒸来维持。殊不知放冷时间越长，污染概率越大。有的企业虽然硬件条件很好，实际却达不到洁净要求。例如不按要求做好每天的卫生清扫工作，冷却室有积水，房间未晾干，没有提前开启空气过滤系统和消毒机除菌，房间不能持续保持正压等。

（4）人员不遵守规定。操作人员未按要求完成个人卫生消毒，不换穿无尘服装；工作时随意在洁净区和非洁净区之间进出；不按规定程序操作设备等。

第五节
接种

接种是按无菌操作技术要求将目标菌种转入培养料的过程。它也是食用菌生产的关键工序之一。

一、接种的环境设施要求

接种室和冷却室一样，应按照洁净区要求建设。屋顶和墙壁采用50mm厚彩色夹心板铺设，墙角采用圆弧形铝合金型材镶接，地坪采用光滑、耐磨、易清扫的环氧树脂地坪。全房间空气系统采用初、中、高三级过滤的循环风，洁净度达到10 000级；接种机台或接种生产线上方加装风机过滤机组（FFU），局部洁净为100级。连续生产时房间保持正压。室内温度保持20℃恒温。接种人员的卫生消毒要求和冷却室操作人员一样，需要换穿专用的接种衣帽鞋，先后经一更、二更、风淋后进入工作场地。接种前准备工作首先要检查菌包是否已符合接种温度（20～25℃）要求，同时对接种设备和接种工具进行消毒。由于各单位采用的菌种剂型不同，以下将分别予以介绍。

二、不同剂型的菌种接种

1. 枝条菌种接种　操作时甲乙两位工人在装有超净设施设备的接种流水线上对坐配合，菌包消毒后，将包内上端的木屑弃掉。工人甲打开菌包盖子，工人乙使用镊子夹住枝条菌种从套环孔插入菌包的培养料内，深度接近料底 1cm。并用散料菌种封盖料面，防止杂菌污染。甲再将盖子盖上。依此重复操作，其工作效率很高。熟手平均每人每班（6h）可以完成接种 5 000 袋。

2. 麦粒菌种接种　先进行菌种的预处理，打开菌种袋，将表层的"过桥"木屑剔除，将菌种捏碎，放入消过毒的不锈钢碗内以备接种使用。操作由两人配合，工人甲负责拔出菌包棉塞，拉住尾绳抽出制包时预埋的打孔棒；工人乙用接种匙铲一匙麦粒菌种送入接种孔穴底部，再铲二匙平铺于料面上，每个菌包的接种量至少为 10g。工人甲再将棉塞塞回套环口内。要求接种手法正确，动作快速、干净、利落。

3. 液体菌种接种　手工接种的工具是接种枪，用硅胶管与液体菌种罐连接。操作时，接种人员一手打开菌包上的塑料盖，一手持枪伸入菌包内接种。喷出的菌液呈扇面形，一部分注入接种孔，一部分散布料面，接种量约 20mL。然后合上盖子，进行下一袋接种。自动化接种采用与液体菌种罐连接的高效自动化液体菌种接种机。作业时，先由输送带将装在周转筐内的菌包送入规定位置，再由定位机构固定夹紧菌包上的套环，启合机构拔起塑料盖移开位置，多头喷嘴伸入菌包喷液接种。完成后自动复位并盖上盖子。接着进行下一筐操作。接完种的菌包随输送线送至培养房进行培养。

第十一章　杏鲍菇的袋式栽培管理

第一节
培养管理

所谓培养就是要培育健康的菌基。接完种的菌包，应即时送入培养房，通过一个时段的营养生长，使得菌丝生物量大量增加，为最后出菇完成生殖转化积蓄必要的物质和能量。

一、培养房的布局摆放

培养房需要保温，轻钢彩板结构的厂房可采用 10 ～ 15cm 厚聚氨酯双面彩钢板围护；框架砖墙结构的厂房可在培养房内壁采用 5 ～ 7cm 厚聚氨酯发泡处理。培养房面积的确定一般有两种选择：一种是小培养房单区制，装纳一二个生产批次，优点是产品全过程不需移动，只要根据工艺需求调节环境设施即可，方便控制疫病的传播，缺点是投资费用较高，空间利用率低；另一种是大培养房多区制，可以容纳数十个生产批次，区内又分隔成定植、发热、后熟三个小区，或定植、发菌两个小区，产品根据工艺需求移动，其优点是环境设施不用调整，投资节省，空间利用率高，缺点是增加了培养房移动，管理要求高。越来越多的企业选择建设大容量的培养房。面积 300 ～ 500m^2，净空高度 7 ～ 9m，堆高 18 ～ 20 层，平均每立方米容纳 80 ～ 100 个菌包（包括各堆垛、各层架之间的通风留空位置）。制冷配置为每 1 万个菌包需 5hp[①] 制冷系统，如果采用冰水系统集中制冷，可按照 70% 配置。培养房墙壁还要设立进排风装置。进风应设初效、中效过滤，排风加装防虫网。由于杏鲍菇培养

① hp 为非法定计量单位，1hp=745.7W。——编者注

时间短，菌包失水量少，因此培养房一般可不设加湿装置。整个养菌周期原则上湿度控制在 60%～70%。如遭遇外界湿度过低时段，为避免料面干燥出现绿霉污染，培养房要适当补水，可用地面洒水蒸腾的方式提高空气湿度。

培养房内菌包的堆垛摆放十分讲究，关系到每个菌包个体在培养过程中的冷热均匀和呼吸通畅。菌包堆垛一般使用钢制热镀锌的移动式培养床架。床架根据周转筐大小确定规格，一般为 6～9 层，每层 6～8 筐，每层间距 0.33m，上顶伸出 0.10m，下脚伸出 0.15m，方便叉车搬运堆垛。培养架在库内呈"非"字形排列，中间为物流通道，两旁按接种批次成列摆放。每垛叠放两个床架，垛与垛之间保持 0.10m 间距，列与列之间保持 0.20m 间距，与四周墙壁的间距应大于 0.30m。

二、发菌期的管理调控

袋栽杏鲍菇的正常培养周期为 31～38d。整个周期大致可以分为 3 个阶段，每个阶段的管理重点和调控方法都有所不同：

1. 前期阶段　第 1～10 天，主要管理目标是快速定植封面，防止污染发生。保持包内温度 25～27℃；相对湿度 60%～70%；适时通风换气，CO_2 浓度保持在 3 000mg/L；培养房保持黑暗，不需要光照。正常所应达到的标准：固体菌种（枝条或麦粒菌种）3d 定植，5d 封面，10d 菌丝透底；液体菌种 24h 定植，72h 封面，5d 包壁出现流挂（发菌），10d 菌丝满底。

接入的菌种快速定植的意义有两个，一是抢占生态位，防止其他有害微生物侵入；二是接续营养源，菌种本身携带的营养料量很少，如不能在短期内获得补充，就会丧失活力甚至饥渴而亡。这在液体菌种上表现尤为突出。除了菌种本身存在问题外，妨碍定植封面的因素主要有以下几个：第一个是环境温度过低，菌种的生理活动受到抑制，如有些企业的大培养房培养没有分区，为了控制一部分菌包发热把整个培养房温度调得很低，从而影响定植封面。针对此种情况，可在菌包接种后的前

3d，将温度设定在 26 ~ 27℃，比最适培养温度高出 2℃，待其完成定植后随即调低。第二个是培养料 pH 过低，正常 pH 应在 6.5 左右，如果 pH 在 5.5 左右就会出现菌种不吃料的现象。第三个是接种偏差，菌种没有覆盖或完全覆盖料面。制包的质量问题前面已有叙述，这里不再展开。

控制菌包污染也是前期阶段管理的重点，虽然大部分污染主要发生在灭菌和冷却阶段（前面有关章节已有专门论述）。但培养阶段仍可能有新的污染发生。一是要保持培养房的清洁度，进风口的初效、中效过滤要经常检查，防止破损失效；排风口不能出现负压和外部空气倒灌；空气自净器和消毒器要保持正常使用；要随时清除物流通道的垃圾污物，保证培养房的清洁卫生。二是接种时尽量让菌种覆盖环口范围，在培养的前 5d 保持培养房的一切设备静止。三是菌包摆放不要过于靠近室内机出风口的直射范围，或者用木板遮挡一下。四是作业时应轻拿轻放，尽量减少菌包震动，尤其要避免发生菌包和筐倾覆翻倒的事故。五是及时挑出污染菌包，送出进行无害化处理。六是培养工作完成后及时进行清洁消毒工作，并保持房间通风干燥。

2. 中期阶段 第 11 ~ 22 天，主要管理目标为培养健壮菌丝，防止高温障碍及缺氧。包内温度控制在 25 ~ 27℃；相对湿度 60% ~ 70%；加大通风换气，CO_2 浓度保持在 6 000mg/L 以下，不需要光照。正常情况下，15d 固体菌种发菌过腰际，液体菌种发菌超过菌包表面的 2/3，20 ~ 22d 均可实现满包。

随着菌丝在菌包内的蔓延扩展以及对基质降解吸收的速度加快，菌包内会出现料温升高、呼吸旺盛的现象，并且很快达到高峰状态。菌包之所以会发热，是因为在吸收营养过程中，菌丝胞外酶将培养料中的木质纤维素转化为糖类，并进一步分解为葡萄糖，葡萄糖氧化释放出热量，使菌包内温度迅速上升。液体菌种一般在培养的第 10 天开始集中发热，温度升高快但持续时间短。固体菌种一般在第 13 ~ 15 天开始集中发热，升温稍缓但持续时间长。如果培养房容纳的菌包量大，堆垛密集，不容易散热，稍不注意就可能发生菌包的高温障碍，俗称"烧菌"，对后期出菇造成严重影响。因此培养房要及时采取强制性的散热降温措施，确保菌包内中心温度维持在 25 ～ 27℃。有的企业夏季培养房的制冷量达不到要求，只能通过减少存库量、降低堆垛密集度等方法来解决。

此阶段菌包呼吸旺盛也导致培养房内的 CO_2 累积加快。CO_2 的浓度过高也会抑制菌丝生长，出现生理障碍。因此要加强通风换气，以 CO_2 浓度不超过 6 000mg/L 为原则。

3. 后期阶段　第 23 ～ 38 天，一般称为后熟阶段。所谓后熟，就是让包内菌丝继续通过一系列的生理生化活动，完成对营养成分的积蓄转化，实现生理成熟，具备结实出菇能力的过程。此阶段调控要求：包内温度 25 ～ 27℃；相对湿度 60% ～ 70%；适时通风换气，CO_2 浓度保持在 3 000mg/L；培养房保持黑暗，不需要光照。

菌包没有经过后熟或后熟期太短，会导致子实体发育所需要的养分供应不足，畸形菇多，产量低；但给予的后熟期过长，又会导致基内菌丝老化，菌包失水率增高，白白消耗掉一部分自身已经积累起来的养分，影响原基分化和子实体的生长发育，不仅降低了杏鲍菇产量，还增加了生产成本。

后熟期间菌包的主要变化表现在储藏营养物质的组成比例、分子结构和存在状态等方面。随着后熟作用的逐渐完成，菌包内可同化物质的含量降低，储藏的营养物质积累到最高限度；菌丝细胞内的酸度降低，菌丝胞外酶的活性由强变弱，水解作用趋向活跃；呼吸速率降低；生长促进物质增加，结实能力由弱转强等。

完成养菌后的菌包料面糖度值与出菇阶段的现蕾数量存在正比例关系，当养菌结束后料面的糖度值低于 7.0 白利度时，会使现蕾困难。

后熟过程与环境条件仍然相关。适当提高温度可以促进后熟，而处于低温状态则会延缓后熟时间。环境相对湿度较低，有利于包内水分扩散，可以促进后熟；相对湿度较高，水分向外扩散较慢，延缓后熟。通气良好，氧气充足，有利于后熟完成；CO_2 积累过多会迟滞后熟。所以在后熟阶段，可以将库房温度向上调高 2℃，并控制好湿度和通风。

拓展阅读

需要在此提及的是，业内曾对杏鲍菇培养是否必须经过后熟阶段有过一场激烈争论。持肯定意见者（正方）拿出大量的试验数据来证明后熟阶段的必要性；持否定意见者（反方）以南方一些生产工厂为实例，认为只要生产使用的原材料（木屑、甘蔗渣等）提前经过预堆处理并达到充分松软腐熟程度，发菌满袋后无须后熟，直接出菇照样能获得很高的产量和质量。对于这场争论，笔者认为正反双方虽然意见相悖，但都有一定的道理。他们正好从两个侧面阐述了杏鲍菇营养生理和营养条件的关系。本书的前面章节提过，杏鲍菇菌丝能够直接吸收一些小分子的营养物质，但对于木质纤维素等大分子不溶性多聚物的营养利用，则必须经过一个复杂的消化过程。因此当外部营养条件不能被直接利用时，杏鲍菇会选择以时间换空间，通过增加一段后熟期以消化、储备营养，积聚生物量；而当外部营养供应非常充分（如基质的腐熟、降解非常好）时，杏鲍菇也会直接选择出菇，从营养生长转向生殖生长。

第二节
出菇期管理

达到生理成熟的菌包即可送至出菇房出菇，这在杏鲍菇的生命周期中属于生殖生长阶段。对于工厂化生产来说，也就是兑现前期所有努力，实现最后子实体长成收获的阶段，因而显得格外重要。

图 11-1 网格墙栽

一、出菇房设计及设施设备要求

杏鲍菇出菇房采用 10～15cm 厚聚氨酯双面彩钢板围护。可设计前后门，一是方便采后房间的清扫、通风、干燥，二是进出物流分开，避免交叉感染。根据每批次投入量的不同，房间设计规格一般有 5m×9m、6m×10m、10m×14m 等几种，净空高度为 4.5m，平均容纳量为 35 包/m³。每个菇房顺进门方向设立 4 排栽培架，两排栽培架中间及靠墙部位分别留出 15cm 间距，方便出菇及作业。

1.出菇设施 目前已普遍采用一种双面网格的食用菌栽培袋盛放架。网格用优质低碳钢丝焊接而成，平整均匀，表面进行聚氨酯粉末喷涂，防蚀性好。网格大小原则上比菌包直径宽 1～1.5cm，太窄影响操作，容易破袋，太宽容易掉袋；每两层之间还安排了一道透气隔（图 11-1）。菌包上架直接插入网格中，菌包彼此之间留有间隙，既便于清除污染菌包，防止病害蔓延，又给丛生的子实体生长留足了空间。

2.冷热系统 制冷量按 1 万袋配置 10hp 制冷系统；南方温暖地区可选择水冷系统，北方寒冷地区则应配置风冷系统。解决出菇房内加温可采取两种方法，一是在室内机出风口上加装电热管，二是在出菇房墙壁装热水管。一般不建议安装地暖，洒水加湿时容易形成水雾黏附在菇体上引发烂菇。

3.光照系统 房间均匀分布散射光，光源可选择荧光灯或 LED 灯，

图 11-2　排气扇

灯光颜色为蓝、白、粉红等，光照度为 500～600lx。

4.加湿系统　袋栽模式由于菌包保湿性好，且不采用开袋搔菌工艺，因此在出菇环节一般不需使用喷雾加湿设备。实际生产中可根据需要，采用地面洒水蒸腾的方法增加菇房湿度，既节约投资，又不易在菇体上形成水膜而导致烂菇。

5.通风系统　安装轴流风机和排气扇（图 11-2）。比较讲究的是房内的气流组织，即如何均匀布风的问题。杏鲍菇子实体呼吸量大，CO_2 的过度累积会导致子实体发育障碍。但通风过大尤其是直吹菇体，又会造成菇柄表皮爆裂或者菇蕾变僵而生长无力。在靠近菇房一端墙壁的上部设计安装水平横吹的冷风机。背墙上端开孔，安装通新风的轴流风机，导入栽培室走廊的新鲜空气，送至冷风机后端进风口；在风机下方沿送风方向水平铺设两层遮阳网或防虫网，引导风机吹出的强劲风力先流向对面墙板，折返后再沿两排栽培架中间走道回到冷风机一端循环，使原本直接吹出的强风转化为速度缓和的回风，满足了食用菌栽培"大风量、低风速"的需求。隔断网（遮阳网或防虫网）除了空气导流外，还有阻挡屋顶结露水滴下落的功用，有效地解决了子实体遇滴水造成烂菇的问题。

工厂化栽培的人工环境营造难点在于如何在立体化、高密度栽培条件下合理组织和均匀配置温、光、水、气。如果设置不合理，则极易产生出菇不同步、发育障碍以及感染病害等问题。这种墙式袋栽的设计安排，利用两道栽培墙之间竖直穿堂的狭窄立体空间，巧妙地进行三个维度的布局组织（图11-3）：①横轴，卧式栽培的子实体从左右两边向穿堂中间生长；②纵轴，室内冷风机形成的强制循环通风气流沿穿堂从前至后经过；③竖轴，穿堂顶部中央安装照明灯管，形成自上而下的光线散射；穿堂地面采用洒水的方式增湿，形成自下而上的水汽蒸腾；穿堂上部和下部的温度差别又形成自然的空气对流；冷热传导、通风气流、水汽蒸腾和光线照射的走向安排几乎都与子实体生长方向形成垂直交叉，可以照顾到菇房不同位置的生物个体，均衡效果非常显著，由此也大大提高了菇房的承载量。

横轴：

纵轴：

竖轴：

图11-3 网格墙出菇

二、出菇期的管理调控

杏鲍菇出菇期通常可以分为前期、中期、后期三个阶段。其关键控制点：前期——控制整齐度；中期——培育优势菇；后期——塑造优质菇。

杏鲍菇的出菇工艺流程：进库上架→低温刺激→拉袋催蕾→菌丝扭结→原基分化→扶优抑劣→生长塑形→人工疏蕾→充分伸长→成熟采收。

图 11-4　第 1 天

图 11-5　第 2 天

为方便对照实践，按栽培的顺序天数进行叙述（图 11-4 至图 11-21）。

第 1 天

操作要点：静置恢复，降温刺激。将菌包上架插入网格。完毕后清扫冲洗地面，保持房间洁净。静置半天，让经过搬运震动的菌丝有一个恢复时间。12h 后，将菇房温度调低至 12℃，对菌包实行降温刺激，向其发出从营养生长转入生殖生长的信号。

表型特征：菌包软熟，收缩脱壁。手按菌包有松软感觉；肉眼可见培养料有收缩、脱壁现象，这是生理成熟的表现。

第 2 天

操作要点：复原温度，松袋拉环。经过约 24h 打冷，包内温度应降至和房间温度一致。此时，将房间温度提高至 17～19℃；拔去盖子（或棉塞），松袋拉环，让袋口中间部分与料面脱离（可控制原基发生量），形成一个锥台式的微生态空间，起到诱导菌丝扭结、原基形成的作用。这种方法的好处：一是保持料面湿润；二是控制原基发生量；三是阻止病原物侵害。

表型特征：菌丝恢复，料面变白。

第 3 天

操作要点：保持湿润，给予光照。房间温度控制在 17～19℃，湿度保持在 75%～88%，保证菌包的出菇面有足够湿润度；CO_2 浓度保持在 3 000mg/L；打开房顶照明，给予光照度 200lx 的灯光照射。如袋口气

图 11-6　第 3 天

图 11-7　第 4 天

生菌丝旺盛，可适当通风，并通过增加光照时间促使其倒伏扭结成菌丝组织——原基。

表型特征：菌丝汇集，倒伏变厚。

第 4 天

操作要点：环境同第 3 天，去圈拉袋。取下菌包口的塑料圈，拉直袋口薄膜呈锥形，留出大豆大小的通气口。

表型特征：菌丝扭结，料面浓白。

第 5 天

操作要点：降低湿度，循环通风。停止喷水，降低湿度至 80%；开启菇房内的循环通风系统。

表型特征：料面菌丝倒伏清晰，可见黄白斑明显汇集。料面有一层黄色菌丝覆盖，表现干燥，生长快的可见有微小扭结点形成。

第 6 天

操作要点：保持房间干燥，减少新风。料面出现一粒粒水珠，俗称"出菇水"。水珠透明清亮属于正常，麦粒菌种出现淡茶色透明水珠亦属正常，如发现混浊深褐色水珠，说明菌包内有细菌污染。

表型特征：疣状凸起，形成芽点。肉眼观察料面出现明显不规则白色凸起，形成细小而多的芽点（原基）。

图 11-8　第 5 天　　　　　　　　　图 11-9　第 6 天

图 11-10　第 7 天　　　　　　　　　图 11-11　第 8 天

第 7 天

操作要点：撑大袋口，降低湿度。 稍微撑开塑料袋口，降低料面湿度，使芽点基座变粗。

表型特征：水珠增多，芽点膨大。 料面水珠更为明显，个别芽点开始膨大。

第 8 天

操作要点：降低含氧量，扶强抑弱。 减少换气通风，提高菇房 CO_2 浓度至 2 500 ～ 3 000mg/L，使在缺氧状态下，弱的原基更弱，部分强的原基更强，长成瘦长乳突状。

表型特征：水珠消失，原基形成。 开袋后大部分原基显现，呈丛生状。

第 9 天

操作要点：加大通风，促进发育。 此时菇房 CO_2 浓度高，易形成瘦

图 11-12　第 9 天　　　　　　　　　　图 11-13　第 10 天

长菇蕾，宜加大通风，促进菇蕾发育肥壮。

表型特征：原基膨大，基本成形。大部分呈三角形，蕾与蕾之间可见明显小水珠。

第 10 天

操作要点：提高料温，加快代谢。将袋内的料温提高到 20℃，保持 1 ~ 2h，视菇形确定时间长短，促使菌体代谢加快。不要急于打开袋口，以使袋内积聚较高的 CO_2 浓度，促使菇柄伸长，抑制菇盖展开。同时众多菇蕾争夺氧气和养分，出现优胜劣汰。部分弱小的菇蕾无法进一步发育。

表型特征：菇蕾分化，盖柄显现。菇蕾形似乳房，盖稍偏灰色；健壮菇蕾的菌柄和菌柄基座等比例同步发育。

第 11 天

操作要点：除去套环，敞开袋口。进入重要塑形期，此时应保持菇房温度、湿度稳定，关闭光照。除去套环，撑开袋口，加大对菇蕾的氧气供应量。

表型特征：菇蕾发育，菌盖深色。袋内菇蕾继续发育长大。菌盖呈深灰色，菇形稍瘦，层次更明显。

第 12 天

操作要点：增减通风，继续塑形。塑形期第 2 天，维持菇房温度、湿度稳定，尽量少用光照。根据菇盖形状和健康度，利用增减通风来调

图 11-14　第 11 天

图 11-15　第 12 天

节菇形，以获得较理想效果。

表型特征：基部稍大，菇盖圆整。有 3～4 个菇蕾将要长出袋口。

第 13 天

操作要点：扶优抑劣，重点倾斜。温、光、水、气的管理与控制，以扶持壮大优势菇为重点，少数菇蕾较大的，可安排提前疏蕾。

表型特征：锥柱形，菇盖圆整，灰褐色。优势菇蕾生长速度快，2～4 个菇蕾整齐生长，呈聚拢型。

第 14 天

操作要点：安排疏蕾，保留精干。此时袋内菇蕾已自然分出优劣，一部分优势菇伸出袋口，应及时安排疏蕾。去除包内弱小残次的菇蕾，使包内养分集中供应到少数几个优势菇上，以保证最终的出菇品质。可根据菇蕾长势和市场需求，确定留菇数，1～4 个都可以，通常保留 4 个，产量相对较高。疏蕾后，立即打扫清洗地面，保持地面的高湿度。

表型特征：锥柱形，菇盖圆整，灰褐色。菇盖大小需要通过温度和 CO_2 浓度调节适当控制，不宜太大，过大后期菇蕾延伸困难。

第 15 天

操作要点：关闭新风，菌柄伸长。疏蕾后菇蕾进入快速伸长期。此时可关闭新风送风口 8～12h，提高菇房内的 CO_2 浓度，达到 12 000～15 000mg/L，可以观察到菌柄明显向外伸长；随后逐步降低 CO_2 浓度到 4 000～5 000mg/L，在新风有氧状态下，菌柄不再纵向伸长，而是横向发育。

图 11-16 第 13 天

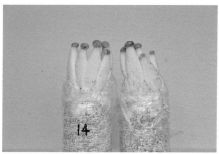

图 11-17 第 14 天

图 11-18 第 15 天

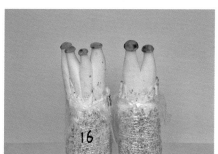

图 11-19 第 16 天

表型特征：线条均匀，菇盖圆厚饱满。菇柄粗壮，整齐生长，2 ~ 4 个菇蕾整齐伸出袋口 1 ~ 2cm。

第 16 天

操作要点：再次提温，促进长势。此时应将包内温度再次拉升至 20℃，增强菌体消化酶活力，加速对大分子营养物质的降解，从而达到提高生物学效率的目的。

表型特征：菇柄紧实，菇盖圆整。子实体长 10 ~ 12cm，基部稍大，菇盖灰褐色，厚鼓圆整，菇柄白色紧实，直伸。此时个别长得较快的子实体可以采收。

第 17 天

操作要点：实行"三大"，全力冲刺。采摘前 3d，菇房内实行"大干、大湿、大通风"，拉大温度差、干湿差，促进菌体的水分蒸腾，达到基质内养分向菌体转移输送的最大化。

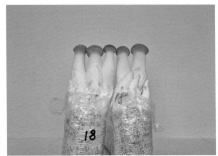

图 11-20　第 17 天　　　　　　　　图 11-21　第 18 ～ 19 天

表型特征：菇柄直白，菇盖圆厚饱满。菇蕾生长速度加快，一天能长长 5cm 左右，菇盖从灰黄色转变为灰褐色，菇盖中心部位凸起饱满。

第 18 ～ 19 天

操作要点：结束调控，安排采收。子实体伸长至 12 ～ 25cm，上下粗细比较一致，菇盖圆整，边缘下卷，盖下方可见少量菌褶。此时可安排全面采收。采收时操作人员左手握住菇柄，右手拿刀，将整丛菇从料面处割下，轻拿轻放，避免碰伤菇盖。

表型特征：菇柄直白，无弯曲现象，菇盖饱满，没有开伞薄边现象。

出菇阶段高产的关键

①菌丝需恢复好；②菇蕾分化清晰；③有效促进菇蕾分层；④快速降温，菇蕾塑形；⑤合适的光照；⑥大干、大湿、大通风。

菌丝恢复：第 3 ～ 8 天保持菇房湿度，使料面湿润，料温≥ 19℃，为现蕾打下基础。

菌丝恢复

现蕾：在形成有活力原基的前提下，分化出能够快速分层的锥形菇蕾。

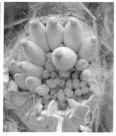

现蕾

菇蕾分层：通过第12天高料温使有效菇蕾生长分层，第13～14天适当降温，使菇蕾定型，维持3～4个菇蕾。

菇蕾个数越多产量越高，需求的氧气也越多，因此要供应充足的氧气，同时需要加大大菇期的通风量，并使制冷配置满足要求。

菇蕾分层

有效菇蕾：菇蕾第15天必须全部伸出袋口1cm，菇体强壮，菇盖灰色，这样才能确保第17天菇蕾拉长。

有效菇蕾

后期生长: 菇蕾料温保持隐性发温, 氧气供应充足, 维持合适的干湿差, 使菇蕾拉长, 菇盖厚实。

后期生长

三、出菇异常（生理性病害）的原因分析

当生态环境条件不能满足杏鲍菇生长发育所需的最低要求时, 就会发生生理代谢性障碍而使菇蕾畸变, 这属于非侵染性病害。在菌丝体阶段表现为菌丝萎缩或徒长, 在子实体阶段则表现为畸形。

1.菌包料袋分离（第1天）

症状表现: 上架的菌包料面与袋分离（图11-22）, 料面菌丝浓白, 袋壁附着水珠。后期生长无扭结、分化点, 有空包现象, 即使现蕾, 蕾体少且小, 影响菇房整齐度。

发生原因: 培养阶段湿度高 , 通风不好。

对策措施: 通风制冷, 恢复期调高温度, 提高湿度。

2．料面过干，块状分化（第7天）

症状表现: 料面干, 分化点呈块状, 袋壁上有菌皮, 不透明（图11-23）。

发生原因: 菇房干燥。

对策措施: 增加湿度, 提高温度, 适当增加通风。

图 11-22　料袋分离　　　　图 11-23　块状分化　　图 11-24　中间菌块现蕾

3. 中间菌块现蕾（第 7 天）

症状表现：中间菌块现蕾，料面上有块状的分化点（图 11-24）。

发生原因：菌龄长的菌包，在培养阶段中间菌块扭结。

对策措施：去除中间菌块所现的蕾，后期料面上的分化点还可以正常生长，但是还会有少量的畸形菇。

4. 团状分化，出现菌皮（第 8 天）

症状表现：分化点呈团状，有少量的菌皮（图 11-25）。

发生原因：培养阶段高湿、低温，出菇阶段恢复期高温、高湿，分化时干燥。

对策措施：培养阶段温度稍微调高一点，湿度控制在 60% ~ 65%，出菇阶段恢复期适当降低温度，分化期增加湿度。

5. 团状分化，连体菇（第 9 天）

症状表现：分化呈团状，连体（图 11-26）。

发生原因：扭结、分化阶段过于干燥。

对策措施：分化期增加湿度。

6. 团状分化，菇盖不显（第 9 天）

症状表现：分化呈团状，菇盖形成慢（图 11-27）。

发生原因：①前期湿度低；②拉袋操作不当（袋没有拉直，环口没有透气口，导致料面现蕾少）。

  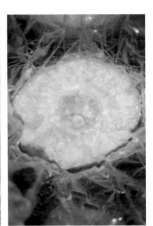

图 11-25 团状分化，出现菌皮   图 11-26 莲体菇   图 11-27 菇盖不显

对策措施：调节前期湿度，进行规范操作。

7. 无分化点，中间现蕾（第 9 天）

症状表现：料面无分化点，中间菌块现蕾，水珠多（图 11-28）。

发生原因：中间菌块湿度大（培养阶段湿度高），通风不好，气生菌丝浓，恢复期温度低。

对策措施：制冷除湿，恢复期增加湿度，提高温度，促进中间干燥，边缘分化。

8. 菇蕾多，菇盖大（第 13 天）

症状表现：袋内菇蕾多，菇盖大，不便于选蕾，养分消耗大（图 11-29）。

发生原因：恢复期温度低，开袋前高湿、缺氧，开袋后温度低，通风好。

对策措施：在发现菇盖生长加快时适当控制湿度，提高温度，控制通风量，增大 CO_2 浓度，拉出菇蕾层次。

9. 菇体过小，菌褶开伞（第 13 天）

症状表现：菇体生长过小，菇盖灰白，菌褶开伞（图 11-30）。

发生原因：缺氧后干燥。

对策措施：增加湿度，增加通风量，减少搅动时间。

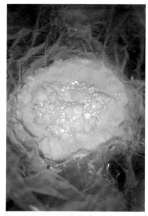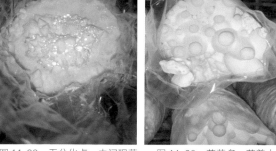

图 11-28　无分化点，中间现蕾　　图 11-29　菇蕾多，菇盖大　　图 11-30　菇体过小，菌褶开伞

10. 菇脖开裂（第 13 天）

症状表现：菇脖处有裂口（图 11-31）。

发生原因：开袋晚，开袋后风速大，过于干燥，造成菇盖发育不良及菇脖开裂。

对策措施：降温除湿或增加通风和补水量。

11. 大肚子菇（第 13 天）

症状表现：菇盖很小、脖子细，中下部膨大如大肚子（图 11-32）。

发生原因：伸长期和塑形期菇房高温高湿、缺氧。

对策措施：提前开袋或增加氧气量，控制风速与搅动时间。

12. 小盖菇（第 16 天）

症状表现：菇盖小，不厚鼓，菇盖中间灰白（图 11-33）。

发生原因：前期湿度不够，导致菇盖不圆整。

对策措施：降温，加强通风，进行地面补水。

13. 脑状畸形菇

症状表现：原基无菇盖、菇柄分化，呈脑状或块状畸形（图 11-34）。

发生原因：分化期光照不足或 CO_2 浓度过高。

对策措施：原基分化期适当增加光照和通风，降低 CO_2 浓度。

图 11-31　菇脖开裂　　　　图 11-32　大肚子菇　　　　图 11-33　小盖菇

图 11-34　脑状畸形菇　　　　　　图 11-35　菜花状畸形菇

14. 菜花状畸形菇

症状表现：子实体出现二次分化，又长出小的菇蕾，呈菜花状（图11-35）。

发生原因：①菇房温度低；②菇房过于干燥。

对策措施：菇房温度不能低于14℃，并保持适宜的湿度。

15. 漏斗菇（第17天）

症状表现：菌褶长、开伞，菇盖翘边，菇身皱黄，基部尖（图11-36）。

发生原因：中期缺氧、干燥，后期高湿缺氧。

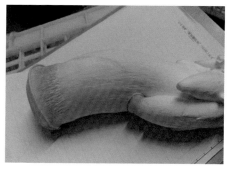

图 11-36 漏斗菇

对策措施：开袋后适当增加通风量，注意补水，减少高温高湿的时间。

16. 瘤盖菇

症状表现：菇盖出现瘤状突起，颜色较深，质地较硬。

发生原因：出菇房温度较低。

对策措施：出菇房温度不得低于 10℃。

第十二章　杏鲍菇的瓶式栽培管理

　　杏鲍菇工厂化生产的另一种模式是以日本、韩国为代表的塑料瓶栽培，国内亦有部分企业采用此种方法。其特点是从拌料、装瓶、灭菌、接种、培养、搔菌、出菇到挖瓶等工序，均采用高效自动化设备作业，使得用工数量大大减少。该模式在栽培阶段一般采用多层床架进行立式栽培，并且对菇形外观和大小标准更为讲究。

第一节
瓶栽模式的生产作业

瓶式栽培采用的容器是能耐受130℃高温的PP(聚丙烯)透明塑料瓶,用同样耐高温的塑料浅筐盛放,每筐16瓶。塑料瓶多使用的规格为容量1 250mL,口径72mm;也有使用容量1 450mL、口径80mm的。瓶盖可选用带呼吸孔的一体化塑料盖。

1. 配料搅拌   瓶栽培养料的配方组合、原料准备以及搅拌混合与袋栽基本相同,可参见培养料和袋式栽培的有关章节。

2. 装瓶打孔   采用高效自动化装瓶机作业,完成送筐→装料→压紧→打孔→盖盖等一系列动作。要求做到装料均匀,松紧合适,料面平整,料面距瓶口1.5cm;在料面中心部位垂直打一个锥形接种孔,孔洞光滑,深度距瓶底1cm;瓶口无溢出料,瓶盖合缝严密。

3. 灭菌冷却   参见袋式栽培的有关章节。

4. 安排接种   采用高效的自动化接种机作业。以往较多企业采用固体木屑种,设备采用日本研发的自动化固体接种机,一次可接种4瓶,每小时作业量为3 000~4 500瓶。近年来已有一部分企业改用液体菌种,配套韩国研制的自动化液体接种机,一次接种16瓶,每小时作业量可达到10 000瓶。有关不同剂型菌种的制备、应用以及配套装备参见菌种、装备等有关章节。

第二节
培养管理和搔菌

一、培养

瓶栽的培养一般采用依靠瓶筐自身承重的栈板堆垛方式，这比袋栽的床架堆放更为方便且节省空间。栈板堆垛有两种：一种是"田"字形摆放，每层 4 筐，每板 8 层，每垛上下堆叠 2 板共 16 层。另一种是"井"字形中间留空摆放，每层 8 筐，每板 8 层，每垛上下堆叠 3 板共 24 层。其特点是中间留空形成了一条垂直的拔风道，对瓶子均温散热有很大好处。同样，培养房的堆垛摆放也要有严格的固定位置，每筐、每板、每垛、每批之间的前后左右都要留出固定的间距，以便通风散热。杏鲍菇瓶栽固体菌种培养一般 23d 满瓶，再经 7d 后熟期，液体菌种可以提前 3d。培养管理可参见袋式栽培有关章节。

二、搔菌

杏鲍菇瓶栽与袋栽工艺的一个不同点，是在完成培养后要移出进行搔菌，给予菌基刺激以使其向出菇方向转变。作业在自动搔菌机上进行，用搔菌刀刮去培养料面上的老菌皮。确保料面平整，无残留料。为控制出菇数，一般会采用 10 ~ 15mm 的深搔办法。和金针菇等其他菇种不同，杏鲍菇搔菌后切记不要注水。因为注水会带来两个弊端，一是会增加病害感染的概率；二是会导致发芽数增多、单菇重降低（图 12-1、图 12-2）。

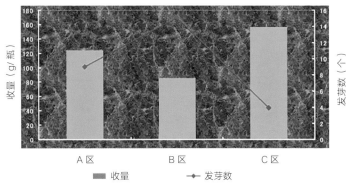

A区：搔菌/注水（2h）　B区：不搔菌/不注水　C区：搔菌/不注水

图 12-1　有无搔菌处理和注水的发芽数比较

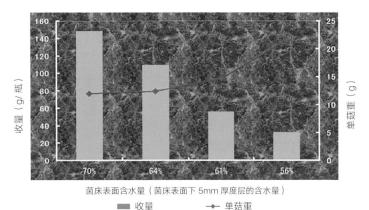

菌床表面含水量（菌床表面下 5mm 厚度层的含水量）

图 12-2　菌床表面不同含水量的单菇重比较

第三节
出菇管理

一、床架栽培

　　杏鲍菇瓶栽一般安放在水平层架上直立出菇，上下层间距 55cm。其优点是子实体的生长发育与重力方向一致，菇形好，菇盖圆整，菇柄直挺。但水平层架的布风、布光以及均温、均湿效果都不如卧式出菇的垂直墙架好。为了使栽培过程中各个位置的子实体所获得的温、光、水、气一致而实现发育同步，一般会采取两种方式：一种是减量投放，菇房的菌瓶投放量一般只有 200 瓶 $/m^3$，比金针菇栽培少得多，在韩国用钢管大棚搭建的出菇房，甚至只安放 3 层出菇架。另一种是采用移动架栽培。韩国业界研发出 O 形和 S 形移动架。O 形移动架的库房高度为 6m，每间安放两套旋转式床架。每套为 6 层床架，层架承载面吊挂在链条上，可灵活摇摆，始终保持与地面水平，每层间距 60cm，栽培架上下端安装有圆盘齿轮，变速旋转，带动链条使层架作 O 形运动，转速可根据需要调节。S 形移动架的库房高度约 9m，每间也安放两套装置，每套为 6 层栽培架，层间距 80cm。层架承载面底部安装托架吊挂在链条上，每层前后端有圆盘齿轮，带动链条作 S 形运动。杏鲍菇整个栽培周期都在可移动的层架上进行，不仅能和环境系统的设施装置配合，获取均匀一致的温、光、水、气，而且方便人工疏蕾、采收操作。

二、倒置催芽

搔完菌的栽培瓶，要翻筐使瓶口向下，倒置摆放在床架上。其意义有三：一是防止料面积水。菌瓶搔菌后开盖敞口，空气湿度加大后料面容易积水，成为病菌的滋生地。二是减少感染概率，空气中飞散的杏鲍菇孢子常成为其他病原物的载体，落入菌瓶中容易引发疫病。三是菌瓶倒置有利于菌丝按重力方向延生，促进原基形成。搔菌后第 1～5 天，菇房温度控制在 14～16℃，相对湿度 90% 以上，CO_2 浓度保持在 1 000～2 000mg/L，每天适当补充弱的散射光。7d 可形成原基，第 10 天可翻筐使瓶口朝上，此时菇蕾已形成，空气湿度应调为 85%～90%，CO_2 浓度控制在 3 000～5 000mg/L。

三、出菇管理调控

瓶栽杏鲍菇出菇管理调控见表 12-1。

表 12-1　出菇管理调控

出菇管理	天数（d）	温度（℃）	湿度（%）	CO_2浓度（mg/L）	是否开启内循环	光照（h）	达到的目标	注意事项
搔菌	1						进行倒立出芽管理	严格室温管理（16~18℃）
菌丝恢复	2		≥98	自然浓度		否	菌丝恢复	深搔出菇数量较少
	3							搔菌后不用注水
	4							
	5							搔菌后 5d 以内料面注意不能干燥
原基形成	6	16～18			否			确认菌丝开始汇聚，有小凸起形成
	7					4h		凸起进一步变大形成原基，提高 CO_2 浓度，抑制原基数量
	8						开始形成原基	原基形成的光照度要在 50lx 以上
控制灯光	9		70～90	≤5 000	常开内循环（室内上下温度差控制在 2℃以内）	除检查外不要开灯（≤1h）	将倒立瓶翻转为正立（会出现出菇水）	降低湿度抑制原基数量
	10						除去出菇水	出菇温度设定稍高一点（18℃）能促进菇柄的生长
	11							3d 内将料面分泌的水珠除去（降低湿度，加大内循环）
	12							
	13							

（续）

出菇管理	天数（d）	温度（℃）	湿度（%）	CO₂浓度（mg/L）	是否开启内循环	光照（h）	达到的目标	注意事项
采收	14	16～18	70～90	≤5 000	常开内循环（室内上下温度差控制在2℃以内）	蓝色和白色的LED灯交错开启	光照度500lx左右	控制菇盖不要太大，使菇柄伸长
	15							加大室内空气循环，促进新陈代谢
	16							将干湿差拉大进行管理
	17					采收时开灯（≤6h）		开始收获
清房	18							菌盖直径达到5～6cm时收获

四、瓶栽菇出菇过程

瓶栽杏鲍菇出菇过程每日状态见图12-3至图12-20。

图12-3　第1天

图12-4　第2天

图 12-5　第 3 天　　　　　　　　　图 12-6　第 4 天

图 12-7　第 5 天　　　　　　　　　图 12-8　第 6 天

图 12-9　第 7 天　　　　　　　　　图 12-10　第 8 天

图 12-11　第 9 天

图 12-12　第 10 天

图 12-13　第 11 天

图 12-14　第 12 天

图 12-15　第 13 天

图 12-16　第 14 天

图 12-17　第 15 天　　　　　　图 12-18　第 16 天

图 12-19　第 17 天　　　　　　图 12-20　第 18 天

五、安排采收

子实体生长至第 18～ 19 天，菇长达到 10～15cm，菇盖卷边未完全展开，此时应及时安排采收，将出菇的瓶筐通过传送带运至采收间。操作人员戴手套握住整丛子实体，轻轻摇晃，连同基部一起从瓶口拔出，尽量避免菇体破损（图 12-21）。削去

图 12-21　瓶栽杏鲍菇采收

基部的菇渣和残体之后，进行整理包装。采收结束后的菌瓶送至自动挖瓶机处将废料挖出，统一集中处理。瓶筐回收用于下批生产。

第四节
出菇异常处置

1．气生菌丝旺盛，影响原基形成（图12-22）

发生原因：催蕾阶段菇房湿度过高。

对策措施：催蕾阶段进行两个阶段的干湿差管理，前半段（第3～5天）促进新生菌丝生长，将湿度提高到90%以上；后半段（第5～7天）控制芽蕾数，湿度要下调到86%～88%。

2. 中央不现蕾（图12-23）

发生原因：发菌阶段培养温度过高且湿度过低（上层料有离壁现象）。

对策措施：检查发菌阶段的温湿度，安排整改。

图 12-22　气生菌丝旺盛，影响原基形成

图 12-23　中央不现蕾

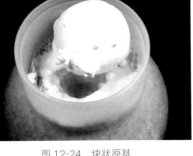

图 12-24　块状原基

图 12-25　开裂

3．块状原基（图 12-24）

发生原因：培养阶段积温不够或生育阶段通风不足，缺氧。

对策措施：培育阶段的累积温度应达到 800℃（料温 25℃，32d）以上；生育阶段的室内 CO_2 浓度应控制在 3 000mg/L 以下。

4．开裂（图 12-25）

发生原因：菇盖和菇柄比例正常，但菇体随机出现一条或几条裂纹，原因可能是：①培养过程中菌丝成熟度（后熟）不够；②出芽后风速过大或过干；③原基形成时发生高温障碍。

对策措施：①延长菌丝培养时间或缩短菌丝满瓶天数；②催蕾阶段防止过干；③原基形成时防止高温。

5．起皮（图 12-26）

发生原因：主要原因是长时间连续吹风或风速大造成过干；次要原因是菇体含水量偏低，可能是装瓶时，料的含水量偏低。

对策措施：菇房内的循环风应该吹吹停停，不要连续吹风或风速过大，保持一定湿度；检查装瓶时的含水量。

6．蜡斑（图 12-27）

发生原因：菇体很小时，有冷凝水滴或加湿的水雾颗粒落在菇盖表面；这种蜡斑一般都会伴有细菌侵染，使区域不断变大。

对策措施：防止房顶、床架形成的冷凝水直接滴落在菇体上，加湿的水雾颗粒要细。

图 12-26 起皮

图 12-27 蜡斑

7．菇柄毛糙（图 12-28）

发生原因：环境不干净或湿度过高。

对策措施：保持菇房环境清洁卫生，控制湿度。

8．菇体轻度僵化（图 12-29）

发生原因：风速太大，或环境太干，造成菇体失水较多，形成轻度僵化，菇盖偏小，菇柄不够粗壮。

对策措施：调整风速，防止失水。

9．菇柄表面毛刺（图 12-30）

发生原因：①子实体发育阶段温度偏高、通风管理不当；②培养基不合适；③原基形成时发生高温热害。

图 12-28 菇柄毛糙

图 12-29 菇体轻度僵化

图 12-30 菇柄表面毛刺

图 12-31 双唇畸形

对策措施：①子实体发育阶段严格按工艺调控菇房温度，并合理通风；②重新检查培养料的营养种类和添加比例；③原基形成时控制温度不要超过20℃。

10. 双唇畸形（图 12-31）

发生原因：装瓶时培养料含水量偏低，或发菌初期过于干燥，培养料和瓶肩颈部壁面产生空隙，这些空隙内会形成原基，并且菇房 CO_2 浓度很高。

对策措施：装瓶时培养料含水量应控制在62%～66%。所用木屑要提前预湿堆制，以提高其含水量和促进大分子养分降解。

11. 漏斗菇（图 12-32）

发生原因：菇体发育时通风不足，CO_2 浓度过高。

对策措施：增加通风次数或时间，使菇房内的 CO_2 浓度保持在 2 800mg/L 以下。如果能使 CO_2 浓度在 800～2 800mg/L 的范围内发生较大幅度变化比长时间保持一定浓度更为理想，变化速度及某一浓度所持续的时间可通过试验确定。

12. 菇体矮化（图 12-33）

发生原因：催蕾阶段长时间处于高湿环境或者菌种退化。

对策措施：避免催蕾阶段长时间处于高湿环境，可用拉大干湿差来抑制原基数。另外，菌种要避免反复转代，防止退化。

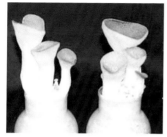

图 12-32　漏斗菇

图 12-33　菇体矮化

13．菇盖出现疣点（图 12-34）

发生原因：菇体发育时环境温度过低。

对策措施：注意菇体发育阶段的环境温度控制。

14．发育不齐（图 12-35）

发生原因：由于培养阶段环境相对湿度过高，搔菌不彻底或催蕾阶段高湿度管理等，导致瓶颈内壁面产生的气生菌丝层形成原基。

对策措施：严格执行工艺流程，达到搔菌深度，将瓶口贴壁处的菌丝完全搔掉；催蕾阶段湿度管理分为前半段和后半段两部分，前半段促发新生菌丝要采用高湿环境，但注意后半段不要继续使用相同湿度管理。

15．生长软弱（图 12-36）

发生原因：催蕾阶段环境湿度较高，瓶颈内壁面产生的气生菌丝层形成原基。

图 12-34　菇盖出现疣点

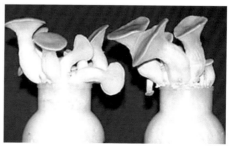

图 12-35　发育不齐

对策措施：催蕾阶段，在菌丝新生后采用较大的干湿差管理以防止瓶颈内壁面的气生菌丝上升。

16. 菇蕾过多（图 12-37）

发生原因：催蕾阶段由于环境经常处于 90% 以上的高湿状态，或者搔菌过浅，导致瓶口培养料表面形成较多个原基。

对策措施：催蕾阶段拉大干湿差；搔菌作业时，注意要达到 10mm 以上（15mm 更为理想）的深度。

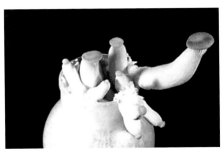

图 12-36　生长软弱

图 12-37　菇蕾过多

第十三章　杏鲍菇的采后处理

　　产品采后的保鲜加工和商品化处理也是工厂化生产的一个重要环节。为了延长杏鲍菇的货架期，减少其干耗和流通中的各种损耗，使消费者获得高新鲜度的洁净产品，必须进行一系列采收后的加工处理，如预冷、分级、包装和冷藏等。

第一节
预冷保鲜

预冷是果蔬保鲜的一项关键技术，杏鲍菇采后预冷主要有以下几种方法：

一、冷库预冷

将采收的杏鲍菇用有透气孔的箱筐装好放在小车上运至冷库，堆码时箱筐之间留有足够间隙，开启制冷机，利用冷风机使空气强制循环流经杏鲍菇周围，带走热量，使杏鲍菇子实体的中心温度从15℃降至2～3℃；货堆间的气流速度以0.3～0.5m/s为宜。这种预冷方式简单、易行，但由于杏鲍菇个体较大、组织紧密，因此预冷耗用时间长，占用库房的面积也大。

二、差压预冷

差压预冷利用空气的压力梯度，强制使冷空气从筐内杏鲍菇的缝隙中通过，使杏鲍菇快速降温。操作时将杏鲍菇装在有透气孔的箱筐内，按要求码放在差压预冷风机风道的两侧，码好后，用苫布把风道的顶部和侧面封严。差压预冷风机开启时，在风道形成负压，使堆垛两侧形成压力差，迫使库内冷风进入杏鲍菇间隙，将热量带走，使整个预冷系统的每个箱筐内的杏鲍菇子实体均匀降温。其预冷速度比冷库预冷快2～6倍，早晨采收的杏鲍菇当天就可以出售，而设施建造费、预冷成本与冷库预冷相近。

三、真空预冷

真空预冷是国际上比较先进的保鲜技术。其技术原理和设施装备在本书第六章已有介绍。操作时，将杏鲍菇装在敞口的箱筐内，送入预冷机的真空室中摆放好，关闭室门启动真空泵抽真空 15 ~ 20min，预冷终温为 1℃。在负压状态下，杏鲍菇中的水分开始蒸发并带走热量。捕水器通过制冷机的作用把杏鲍菇中蒸发出来的水汽再冷凝成水排出去。结束抽真空后，真空室恢复正常压力，之后打开室门，取出杏鲍菇。这种预冷方式的优点是降温迅速，一般只需 15 ~ 20min 就能将杏鲍菇的子实体中心温度降到 2 ~ 3℃；而且从里面至外表冷却均匀，比一般预冷方式更能延长保鲜货架期，尤其适应货品出口和国内远途销运。真空预冷的失水率也小，不会引起杏鲍菇的萎蔫、失鲜。

第二节
整理分级

杏鲍菇在包装前要进行整理和分级（图 13-1、图 13-2）。该道工序应安排在 10 ~ 15℃ 的房间进行，工人应按规定穿着工作衣帽，戴上纱手套，以防有手印痕迹留在菇柄上。操作时一手轻轻拿起杏鲍菇，一手用刀削去根部的残次部分，按照子实体的重量、大小分成不同等级分别放入周转筐送去包装。

杏鲍菇一级品的标准（图 13-3）：

①菇形完整美观，菇柄直白，粗细均匀，硬度适中有弹性。

②表皮光滑细腻，无木屑等杂质，无黄水渍等异色，无指纹印，无

图 13-1　杏鲍菇分级场所

图 13-2　杏鲍菇分级操作

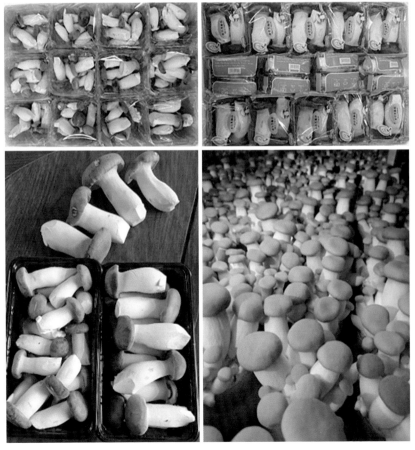

图 13-3　杏鲍菇一级品

粗糙皱皮，基部削切面菱形平整。

③菇盖圆、正、厚，边缘尚内卷未平展，无畸形，无机械损伤和边缘破损，直径稍大于菇柄，中间向上微突，手按弹性好，不松软，保持灰褐色，不能太黄。

④菌褶较短。延生到菇柄的菌褶较短，未完全张开。

⑤含水量适中，菇体无病虫害，无杂菌侵染及药害。

检查杏鲍菇硬度的方法：用手在菇盖以下 4 ～ 5cm 处捏按菇体，如果捏下去放手菇体马上回弹起来，说明菇的弹性不错，硬度适中。

检查杏鲍菇含水量的方法：用手轻捏同样的位置，如果有一点黏黏的感觉，但是这个感觉会很快消失，说明菇身的含水量比较合适，如果这个黏黏的感觉会持续一会儿，说明菇的含水量比较大，应该多注意通风了。

除等级品以外，许多企业将对生产过程中出现的残次品，如疏蕾剔除的小菇蕾及菇皮等，都想方设法利用，经整理后销售给有专门需求的客户，以提高企业的经济效益。

江苏省杏鲍菇团体分级标准见表 13-1，江苏润正生物科技有限公司杏鲍菇分级标准见表 13-2。

表 13-1　江苏省食用菌协会杏鲍菇团体分级标准

项目	一级	二级	三级
色泽	菇盖浅灰青褐色至灰黄色，菇柄白色或乳白色		
形状	菇盖圆整，菇柄顺直无弯曲，菇盖和菇柄直径比≥1 且≤1.2	菇盖较圆整，菇柄允许轻微弯曲，菇盖和菇柄直径比≥0.9 且≤1.3	菇盖不圆整，菇柄允许有明显弯曲，菇盖和菇柄直径比≥0.8 且≤1.5
大小	菇柄长度 13 ～ 15cm，菇柄粗度 3.5 ～ 4.5cm	菇柄长度 15 ～ 17cm 或 11 ～ 13cm，菇柄粗度 4.5 ～ 5.5cm	菇柄长度 15 ～ 17cm 或 11 ～ 13cm，菇柄粗度 4.5 ～ 5.5cm
畸形菇[a]	无	≤ 3%	≤ 5%

（续）

项目	一级	二级	三级
破损菇[b]	≤ 1%	≤ 2%	≤ 3%
霉烂菇		无	
虫蛀菇		无	
气味		具有杏鲍菇特有的香味，无异味	
一般杂质[c]	无	≤ 0.1%	≤ 0.2%
有害物质[d]		无	
水分		水分88% ~ 89%	

注：a 菇柄弯曲严重，菇盖和菇柄直径比 ≤ 0.8 且 ≥ 1.5。
　　b 因机械损伤造成菇体不完整。
　　c 杏鲍菇培养料残渣等植物性物质。
　　d 影响安全卫生的物质，如塑料、玻璃、金属、虫体等。

表13-2　江苏润正生物科技有限公司杏鲍菇分级标准

级 别	重量 (g)	直径 (cm)	长度 (cm)	每袋2500g 数量（个）	平均单菇 重量(g)
特大	>170	>4.5	>12	10 ~ 14	>187
大	>80	>3.5	>12	20 ~ 25	>100
中大	50 ~ 80	2.5 ~ 3.5	9 ~ 12	35 ~ 40	>63
中	35 ~ 50	2 ~ 2.5	7 ~ 11	55 ~ 60	>42
小	20 ~ 35	1.5 ~ 2.5	6 ~ 9	80 ~ 95	>27
B	10 ~ 20	1.5 ~ 2	3 ~ 6	150 ~ 200	>13
C	正常采菇，B级以下菇体已成形，有菇盖的最小菇为C				
D	选出的最小菇蕾为D				

注：①每袋净重2 500g，每袋菇的数量必须在规定的范围内。
②包装时袋内两边必须摆放单菇重量、直径、长度一项达到标准的菇，其他的菇（指菇形不好、盖大，只有两项达标）只能放在中间。
③当菇盖直径大于菇柄直径时，按重量的80% ~ 90%计算重量分级。
④每袋单菇重量、直径、长度三项中必须有二项达标。
⑤包菇时应把菇尾部大小一致的杏鲍菇包为一包。

第三节
包袋装箱

杏鲍菇包装多采用自动化流水线作业（图13-4至图13-6）。包装间温度设定为10～15℃。工人的穿着卫生要求同分级区。

图 13-4　杏鲍菇包装流水线

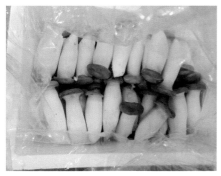

图 13-5　杏鲍菇 5kg 泡沫箱包装

图 13-6　杏鲍菇自动封箱

为适应不同的市场需求，杏鲍菇的包装形式也有多种：

1. **托盘覆膜包装**　适合高档超市的货架销售。采用沿口较深的聚丙烯塑料彩色托盘，挑选熟度一致、朵形圆整、大小相近的两个子实体放入，重量约120g，用PE防雾保鲜膜覆盖托盘沿口，隔绝空气，贴上标签，装入外包装大箱。

2. **整株软袋包装**　为节约人工，国外市场上流行一种整株的包装形式，栽培过程中仅采取环境控制而不进行人工疏蕾，采收时将瓶（袋）内长成的杏鲍菇整株（丛）割下，整理剔除根部的杂质后装入软塑料袋，扎口后称重，分别贴上带有重量印记的标签，方便售货时计价。每包重量约为180g。主要供应一般超市和菜市场。

3. **散货大袋包装**　先将高压聚乙烯包装袋套入统一制作的上部敞口的塑形模具中，选择同一级别的杏鲍菇整齐装入袋内，称重补足分量，用抽气机抽尽袋内空气，扎紧袋口脱去外模，放入外包装箱。每包重量2 500g。每箱4个包装计10kg。较多用于批发或菜市场的散装零售。

包装好的产品立即送至冷藏库中储存。

第四节
入库冷藏

冷藏是目前杏鲍菇保鲜最常用的方法。通过低温环境来抑制杏鲍菇鲜品的呼吸代谢以及各种酶的生物活性，同时延缓腐败微生物对杏鲍菇的侵染。冷藏库设定温度2～3℃，相对湿度75%～80%。冷藏保鲜并非温度越低越好，过低不仅会发生冻害，还会增加生产成本。产品出库运输和销售时，也要保持"冷链"不中断。常温季节或短途运输一般可采用装有隔热层的保温车；如遇高温季节或远途运输，则应考虑采用配有制冷机组和可进行温度控制的冷藏车。超市上货架时，也应将其置于保鲜柜内，这样保鲜时效更长。

第五节
制品加工

杏鲍菇以市场鲜销为主，但考虑到调节市场淡旺季，以及一部分等级差的产品的出路问题，国内外也做一些加工品。

一、干制

干制是将新鲜杏鲍菇的子实体脱水，使之成为符合标准的干制品的方法。杏鲍菇干制品的含水量一般低于13%，口感脆、韧、鲜，还有一种特殊的干菇香味。由于其肉质较厚，所以干制前一般都要将菇盖、菇柄作切片处理。干制的方法有很多，工厂化生产较多采用远红外热风干燥、微波干燥和真空冷冻干燥等工艺，具有干燥速度快、制品质量好的优点。尤其是真空冷冻干燥，对杏鲍菇的粗脂肪含量、粗蛋白含量、总糖含量影响较小，既可保持原有色、香、味和营养成分，又不会在物料表面形成硬质薄皮，而且复水快，食用方便。

二、盐渍

盐水杏鲍菇可以保藏较长时间。这是因为盐渍的汁液浓度一般都接近饱和，具有很高的渗透压。在此环境中许多微生物细胞内的水分会渗出胞外，产生质壁分离，并且细胞蛋白质凝固，新陈代谢停止，最后导致死亡。盐水菇的制作方法如下：先整理选料，选用无虫、无杂质、色泽正常的子实体，漂洗去杂后放在 0.05% 焦亚硫酸钠溶液中浸泡 10min 进行护色处理，处理完成后取出子实体，用清水冲洗，以去除过多的二氧化硫。然后进行漂烫杀青，在 95 ～ 100℃ 的温度下煮 10min 左右。捞出放入冷水中冷却至常温，然后进行腌制。将食盐溶入水中，配成 15% ～ 16% 的盐液，过滤除去杂质。将冷却好的杏鲍菇捞出，沥干水分，投入盐液中。在 18℃ 以下腌制 3 ～ 4d，再加盐将腌制液浓度调高至 23% ～ 25%，并经常检查，将盐液浓度稳定保持在 20% 左右。

杏鲍菇工厂化栽培
Factory Cultivation of
Pleurotus eryngii

第十四章　杏鲍菇病虫害防治

　　病虫害防治是农业工厂化生产的一个重大课题。如
同疯牛病、口蹄疫、禽流感的发生流行一样严重威胁着
现代养殖方式一样，许多已经发生或可能发生的病虫害
也会给食用菌工厂化生产带来难以估量的损失，国内外
企业因为重大疫情而造成停产绝产的事件也屡有发生。

相对于食用菌传统生产而言，食用菌工厂化生产的特点确实也给病虫害的防治带来了新的难点：一是选栽品种越专一，抗性的单一化和遗传的脆弱性就越明显。由于种间和种内的多样性减少，打破了生物种群的自动平衡，削弱了自然防病因素。二是复种指数越高，连作障碍的发生概率也越大。现今工厂化生产的品种，周期短的一年可以安排 6 ~ 7 茬，周期长的一年也有 3 ~ 4 茬。连续化生产极易造成某些病原微生物的适生环境，导致病原微生物基数增大而发生疫情。国内外许多杏鲍菇工厂都曾遭遇过细菌性病害而逐潮减产，甚至无法栽培的情况。三是栽培密度越大，暴发大规模病害传染和流行的可能性也越高。食用菌工厂大都是大面积立体化栽培，空间利用率极高，一旦发生烈性的传染性病害，就可能造成严重的后果。四是交叉作业越频繁，控制相互感染和疫病传播的难度就越大。特别是采用产品专业化布局的企业，很难避免人流、物流变动对相邻相近区域环境净化造成的破坏。如在同条走道的两间菇房同时安排搔菌进库和清库打扫作业，后者就可能使前者感染病害。

一、杏鲍菇抗逆机制的弱点

杏鲍菇是工厂化栽培中较易发生大规模病害的一个食用菌种类。原因主要有三个方面，一是杏鲍菇原产于地中海亚热带干旱地区以及欧亚的草原荒漠地区，习惯在干燥的自然环境中生长，缺乏耐受高湿度环境的基因；二是杏鲍菇喜好在 pH6.0 的略偏酸性基质环境下生殖生长，而这也是许多病原菌滋生的理想温床；三是杏鲍菇孢子飞散量大，且富含营养，容易被病原微生物感染后作为载体飘落在子实体上危害自身。图14-1 可以说明杏鲍菇的病害类别和发生时段。

二、杏鲍菇虫（螨）害

虽然与传统的开放式生产不同，食用菌工厂化栽培大多采用了封闭和半封闭的围护结构，可以在很大程度上隔离和屏蔽较大型生物（如老

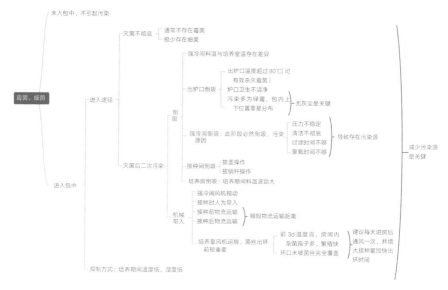

图 14-1 杏鲍菇病害发生原因

鼠、蛞蝓、天牛）的进入和攻击，但从严格意义上来讲，它仍属于一种半开放式生产系统，物资集散、人员进出、空气交换在食用菌生长发育过程中不断发生，因而也就无法杜绝小微型生物（如菇蚊、菇蝇、螨虫）的袭击。如不注意防控处置，也会造成严重的后果。

1. 菇蚊 双翅目昆虫，以幼虫期危害最重。杏鲍菇培养料经过菌丝的酯解作用后，代谢物质会散发出特有的香气，诱使菇蚊通过瓶盖、棉塞和菌袋破损处钻入培养料产卵、繁殖，并发育成蛆，寄生于培养料内，吮吸菌丝体营养。有的除在培养料表面蛀食外，还结网罩住菇蕾，使菇体不能正常生长。除直接危害蘑菇外，成虫和幼虫可携带螨类和大量细菌，成为传播病害的媒介。

防治方法：①应经常保持厂区和菇房周围环境的清洁卫生，及时清除残菇、废料和腐烂植物，破坏菇蚊滋生、越冬场所；②在菇房门窗处加装 60 目尼龙纱防虫网，以防成虫飞入产卵、繁殖危害；③利用成虫的趋光特性，采用频振式杀虫灯诱杀；④立即隔离发现虫害的菇房，用90% 敌百虫 500 ~ 800 倍液喷洒可杀死菌蛆，发现有成虫活动时，可用

80% 敌敌畏 500 ～ 600 倍液喷洒。

2.菇蝇　成虫体小，细长，淡褐色或黑色，繁殖力极强。菇蝇闻到菇房的菌丝香味，会从很远的地方飞来，通过门窗或换气通道进入，在培养料上产卵（图 14-2）。幼虫又称菌蛆，取食杏鲍菇的菌丝和子实体，在菇体中穿成孔道，造成的伤口还很容易感染病菌而腐烂。被害子实体无法正常发育，且残缺不齐而失去商品价值。

图 14-2　菇蝇在菌褶上安家落户、吐丝结网

防治方法：①保持环境卫生和场地清洁，铲除其滋生源头；②菇房门窗通道设立防虫网，防止成虫飞入；③周遭可设立杀虫灯诱捕；④如发现出菇前菌蛆大量发生，每 100m² 可用敌敌畏 0.90kg 熏蒸，同时在每个培养区再喷洒除虫菊酯等低毒农药；⑤加强通风，调节菇房温湿度，恶化害虫生存环境，达到防止其危害的目的。

3.螨类　螨类在自然界几乎无处不在，是食用菌栽培中危害最大的一类害虫，俗称菌虱。其种类很多，繁殖力极强，并且个体很小，分散活动时很难发现，当聚成堆时才能被察觉，但已对生产造成危害。工厂化生产中，米糠、麦麸、豆粕等蛋白质丰富的培养料，极易吸引螨虫。另外，有些企业在生产中使用的木质仓板、床架，也经常是螨虫藏身的好去处。螨虫会随着生产作业的人流、物流进入菇房，一般的瓶盖、棉塞都无法阻止。它们多在培养料或菇类菌褶上产卵；啃食菌丝，甚至危害子实体，致使菇蕾萎缩死亡，严重时出现孔洞，引起腐烂变质。

防治方法：①菌种室、栽培室要远离鸡舍、饲料厂、原料库等；②保持栽培环境清洁，不允许在培养室、生育室外堆积菌渣废料，作业人员进入要遵守卫生消毒规定；③螨类危害发生较轻微时，可以采用诱杀的方法，如将炒香的菜籽饼粉撒在纱布上，待螨虫聚集过来后，取下纱布放入开水中烫死；也可用糖醋溶液诱杀。④感染螨害的菇房可加热到 50℃，闷一晚上效果十分显著，也可采用克螨特等药物熏杀。

· 温馨提示 ·

　　杏鲍菇的虫害防治强调预防为主、防重于治的原则，并尽量采用综合防治措施，选用高效、低毒、低残留，对人畜和食用菌无害的药剂。掌握适当的浓度，适期进行防治，注意药品安全间隔期，出菇期禁用各类药剂，以避免对杏鲍菇产生二次污染。

三、杏鲍菇竞争性病害

　　食用菌病害按照成病原因可分为生理性病害、竞争性病害和侵染性病害。生理性病害主要发生在菌丝和子实体上，由于不良的环境条件诸如化学、物理等因素影响，导致菌丝和子实体发育受阻或生长异常，前文栽培管理章节已有叙述，这里不再赘述。

　　竞争性病害类似于绿色作物的杂草危害，所以也称为杂菌危害。主要是真菌、细菌等有害病原体污染培养料，与食用菌菌丝形成竞争性生长，争夺营养和生存空间，并分泌有毒代谢物抑制食用菌的菌丝生长。真菌类如木霉、青霉、根霉、毛霉、酵母菌、链孢霉等；细菌类如芽孢杆菌、假单胞杆菌、欧文氏杆菌等。外部因素往往是通过内因起作用的，竞争性病害的发生往往与工厂企业的环境卫生、设施设备、工艺技术以及作业情况有很大关系。

　　1.木霉　种类很多，危害食用菌的主要有哈茨木霉、绿色木霉、康氏木霉等。菌落初为絮状的白色菌丝，很快会产生一团团的绿色分生孢子，有强烈霉味。木霉适应性很强，生长迅速，传播蔓延快，能分泌毒素，抑制食用菌菌丝生长和子实体形成。病原物主要来自培养料、土壤和各种垃圾，是食用菌栽培中最为常见、危害最大的一种杂菌。其分生孢子主要通过空气传播。高温高湿和通风不良的条件下，很容易发生污染（图14-3）。

2. 链孢霉　又称脉孢霉或红色面包霉。菌丝生长疏松，呈白色棉絮状；气生菌丝顶端形成链状分生孢子，橘红色或粉红色。通常在玉米芯等培养料中生活。分生孢子依靠气流、工具、人为操作等传播。其活力强，生长迅速，在25～30℃下，孢子6h内萌发成菌丝，并以十分快的速度长满菌包，48h在袋口产生大量红色分生孢子，还能直接侵染子实体（图14-4）。

3. 芽孢杆菌　能形成芽孢（内生孢子）的杆菌或球菌。包括芽孢杆菌属、芽孢乳杆菌属、梭菌属、脱硫肠状菌属和芽孢八叠球菌属等。分布广泛，存在于土壤、水、空气以及动物肠道等处。营养条件缺乏时，在细胞内形成圆形或椭圆形的芽孢休眠体。芽孢含水量极低，抗逆性强，能耐受高温、紫外线照射、电离辐射以及多种化学物质处理等。一般细菌的营养细胞在70～80℃时10min就会死亡，而芽孢在120～140℃

图14-3　木霉污染

图14-4　链孢霉污染

还能生存几小时，并且代谢快、繁殖快。由于芽孢杆菌极耐热，因此在培养料灭菌过程中往往不能杀死它们，过后其萌发成营养细胞并大量繁殖，导致培养料腐败变质。

四、杏鲍菇侵染性病害

侵染性病害主要是指由真菌、细菌、病毒等病原微生物直接侵染食用菌菌丝体和子实体所造成的病害。一般带有传染性，所以又称传染性病害。侵染性病害的性质、特点和一些基本规律，往往因病原而异。不同病原所致的病害，在症状表现、侵染过程、传播途径上都各有特点。由于菌物病害的发生、发展，常与病原物的生理、生态密切相关，因此要掌握食用菌病害的防治规律，很大程度上就要从揭示病原的特性中去获得。其中包括病原的越冬和越夏、病原接种体的释放和传播、病原侵染食用菌寄主的过程以及病害的发展和蔓延等。

1. 细菌性腐烂病 病原主要为恶臭假单胞杆菌以及泛菌属、欧文氏菌属的某些待鉴定的种。

症状（图 14-5）：①斑点型，初期在菌盖和菌柄上形成黄褐色水渍状病斑，后期会扩展至整个子实体；②菌脓型，发病处隆起黄褐色菌脓，散发臭味；③腐烂型，染病子实体出现溃疡性腐烂症状。病原主要借助喷水加湿或人为活动传播，菌袋（瓶）口积水，原基和幼菇表面附着水膜，都会引起该病发生。

防治方法：①瓶栽生产搔菌后不补水，菌瓶倒立发芽（防止菌床积水），发芽期前 5d 湿度控制在 95%，后 5d 反复加大干湿差（60% ~ 98%），使原基的生理吐水消失；②子实体生长期间湿度控制在 90% 以下，温度控制在 17℃ 以下，合理通风，加湿应使用无污染的清洁水源；③及时清除感病的子实体，采收后彻底打扫菇房，冲洗床架，密闭熏蒸消毒。

2. 黄萎病（立枯病） 在生育期前中段子实体变成黄褐色，严重时呈现弯头、扭曲并萎缩枯死，有独特臭味（图 14-6）。

病害发生原因：出芽期处于恢复或分化过程中的菌丝，受到工厂内

图 14-5 细菌性腐烂病症状

图 14-6 黄萎病症状

大量已被感染的带菌杏鲍菇孢子的侵害。

防治方法：清除污染源，每次收获完毕打扫清空栽培室，冲洗和清除沉降黏结在栽培室床架、地面、墙面以及制冷机翅片、加湿器上的孢子污垢，而后干燥房间，用臭氧进行 7h 消毒。

3. 赤枯病 病原是白色酵母菌和红色酵母菌，一般在出芽期和生育初期感染，采收前子实体的一部分变成黄褐色，两三天后，子实体中心部位也变成橙红色，菇肉发苦，无法食用（图 14-7）。该病传染性很强，菇房高温高湿时尤易发生。

防治方法：菇房控温控湿，喷洒防除剂。

4. 棉霉病 病原为异形枝葡孢霉，在金针菇、真姬菇、双孢蘑菇等上都有发生。

症状：子实体上附生白色棉絮状菌丝，蔓延迅速，导致菌体萎缩枯死（图 14-8），传染性很强。

防治方法：①加强管理监控，发现疫情应迅速挑除感病的子实体，并用塑料袋套住(防止孢子飞散)送入高温灭菌柜杀灭；②保持菇房干爽，采收后彻底打扫冲洗菇房床架，用百菌清熏蒸消毒。

5. 白瘤病 又称褶瘤病，与平菇白瘤病相同，由一种线虫侵染引起。菇体被侵染后组织分化异常，增生为白色瘤状组织块，中空，单生或多

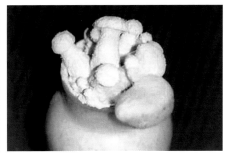

图 14-7 赤枯病症状 　　　　　　　　　　图 14-8 棉霉病症状

数互相愈合，形成不规则瘤块，严重时整个菌褶长满白色小瘤，失去商品价值。发病途径为气流和菇蝇传播，病株要及时销毁。

　　6. 球形病毒病　韩国科技人员在 2007 年发现了一种危害杏鲍菇的球形病毒（PeSV），受感染的杏鲍菇菌丝生长迟缓，形成子实体时菌柄粗矮，菌盖呈花瓣样不规则状。经鉴定病原为一种新的球形病毒，其主要危害途径是菌种带毒。

　　防治方法：采用纯种，或对受感染的菌种进行脱毒。

　　相对而言，工厂化生产中的病害防治要比虫害防治困难得多，因为虫害的防治对象是昆虫，昆虫和真菌是不同界属的生物，一个属于动物界，一个属于菌物界，二者的亲缘关系较远，所以容易寻找出既消灭害虫，又对真菌无害的方法。而病害的防治对象是真菌、细菌、病毒等病原微生物，它们和食用菌同属于菌物界，亲缘关系相对近得多。有的病原与食用菌之间对营养条件和生态环境的要求十分近似，甚至有着同样的代谢过程和酶系统。因此筛选出一种既可以杀灭或抑制病害又对食用菌不产生危害的方法或药物相对困难得多。另外，虫害多属于外部的直接侵害，危害状明显，容易用肉眼直观发现。而病害很多是侵染到组织内部，潜伏期症状不很明显，发现和诊断比较困难。

杏鲍菇工厂化栽培
Factory Cultivation of
Pleurotus eryngii

第十五章　建立疫情综合防控体系

第一节
贯彻"预防为主，综合防治"的植保方针

食用菌病虫害要贯彻"预防为主，综合防治"的植保方针。因为大多数食用菌品种栽培周期很短，有的从现蕾到采收仅有十几天时间，所以发病以后要进行"治疗"很难；即使可以使用药物，也因为其短时间内难以完全降解，从而对消费者的食用安全产生影响。因此对付食用菌病虫害更准确的提法应该是"防控"，"防"即防患于未然，能够将病害消弭于无形这是上上策；"控"即把控住程度和范围，不使疫情扩大升级。不应寄希望于某个单一方法就能解决全部问题，而是要建立起一个农业防控、物理防控、生态防控、生物防控和化学防控等多种措施相结合的综合防控体系。

1. 农业防控措施　清洁生产场所，保持厂区和周边环境卫生。定期清理垃圾、拔除杂草、排除积水，重点仓库区保持干燥通风、除灭鼠害和蚊蝇虫螨，生产区域按卫生等级要求严格达标。杏鲍菇成熟后释放的孢子飘散、黏附在床架、墙壁和制冷机翅片上，会成为某些病原的载体，因此对使用过的菇房，要严格清理、打扫、冲洗和消毒，以杜绝病害滋生。严格原辅材料采购标准，每个批次进厂的米糠、麦麸、木屑、玉米芯、碳酸钙都要经过严格检验，菌袋、菌瓶、盖塞等重要生产资材更要择优采购，防止因破损、变形造成培养料污染，严格把好种源关。采用前发酵技术，解决灭菌不彻底的问题。

2. 物理防控措施　应用高压蒸汽灭菌技术，充分灭除培养料中的病原物；应用层流式高效空气过滤技术，保证冷却、接种等重点区域的环境净化；应用空间电场、紫外线 C、纳米光触媒、电生功能水消毒等新型灭菌消毒技术，解决食用菌栽培过程中的气传病害、水传病害、土传病害。加装防虫网罩，利用害虫趋光、趋色、趋味及趋性的特点，安排灯光诱捕、气味诱捕、食饵诱捕等诱捕方法，降低虫害基数。

3. 生态防控措施　环境因素能潜在影响病原、寄主及它们相互作用的方式。因此要努力创造有利于食用菌生长而不利于病虫害存活的生态环境。在病原对食用菌的侵染过程中，环境湿度和温度影响最大。接触期湿度主要影响病原孢子能否萌发和萌发的方式，温度主要影响萌发的速度。侵入期大多数病原都需要食用菌体表达到相当的湿度，并且需要有水膜存在；而环境温度则影响病原侵入速度。所以在现场操作中，保持经常通风，避免菇房湿度过大，同时适当调低杏鲍菇的生长温度（最适温度以下 2℃），能有效防止许多病害发生。在杏鲍菇出芽后半期和原基形成阶段反复拉大菇房干湿差（相对湿度 60% ~ 95%），控干原基表面渗出的"出菇水"，防止子实体表面出现水膜，可以大大减轻细菌性腐烂病的侵害。

另外根据一般霉菌喜酸、细菌好碱的特点，通过适当调整培养料的酸碱度，使得营养环境有利于寄主而不利于杂菌发生。如在拌料时加入石灰，可减少绿霉污染。

4. 生物防控措施　首先，保证食用菌的健康生长，增强食用菌抗性是生物防控的重要方面。其次，选用抗性品种是相当经济、显效而又安全的食用菌保护措施。生产用种除应满足优质、高产、适应性强等一般要求外，其针对疫病的抗性种类和抗性程度也是重要的考核指标等。韩国庆尚南道农业技术院在 2007 年先后育成抗性好的艾琳 3 号品种，以及耐高湿、后期生长易管理的单飞品种，从而使当地农户的杏鲍菇细菌性腐烂病发生率明显降低。再有，使用害虫天敌和病原微生物及其代谢物防控前景也非常广阔。如苏云金芽孢杆菌以色列变种被双翅目幼虫摄食后，可导致双翅目幼虫发生血毒症而死亡，用其来防治菇蚊、菇蝇，控制效果可达 85% 以上。释放尖狭下盾螨和兵下盾螨等捕食螨也成为对付菇床培养料中蝇蛆、蚊蛆和害螨的利器。

　　5. 化学防控措施　化学防控是采用化学药剂来减少和消灭病虫害的方法，其最大的特点是起效快，作用范围广，至今仍然是一种不可弃用的重要手段，尤其在疫情暴发或大规模传染蔓延时紧急使用效果最为明显。考虑到食用菌是一类对化学药剂比较敏感的生物，加上生育期较短，药剂残留会对食用安全造成影响，因此要尽量选用国际认可的高效、低毒、低残留药剂，并尽量避免在食用菌子实体和菌丝体上直接喷洒。总体而言，要确保食用安全，并且减少化学投入品对环境和生产者健康造成危害。

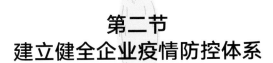

第二节
建立健全企业疫情防控体系

　　疫情即灾情，企业要牢固树立起"安全发展"的强烈意识，把建立健全防控体系作为大事要务来抓。不仅要形成长效化、常态化管理机制，还要有快速的应急处置机制。

　　1. 落实组织　企业内部要形成分工、责任明确的三级防控组织网络。①高层指挥机构，可以由总经理或技术副总经理兼管。主要职责是全局部署、决策指挥和统筹协调。②中层职能部门，大型企业应配备专职机构干部，中小型企业可在技术（生产）部门配备专职植保干部。主要职责是制定防控措施，开展防控教育，执行防控指令，指导一线工作等。③基层一线队伍，应在重点部门和重点区域，配备专职或兼职的一线植保员。主要职责是开展环境整治，监测疫情发生，落实防控措施。

　　2. 细化制度　企业要制定出台和细化完善一系列相关的防控管理办

法和制度规定。做到有章可循，违章必究。按照程序化、制度化开展工作。这些制度包括厂区环境卫生制度、洁净区卫生清洁制度、病虫害疫情监测制度、病虫害疫情报告制度、原辅料质量检验制度、原辅料仓库保管条例、种源安全管理办法、菇房清洁消毒作业规定、个人卫生消毒制度、生产废弃料处理规定、病株无害化处理规定、化学药剂保管和使用制度等。

3. 强化手段　一是完善防疫配置，如常规性的疫情检验检测和试验器具。有条件的最好单独配置，不要和科研技术部门的设施混用共用，以免发生交叉感染的重大险情，危及根本。二是提升防控手段，要结合企业技术改造和设备更新，有计划地淘汰一些老旧过时的设施设备，引进高效多级空气过滤系统、高压蒸汽灭菌柜、空间电场消毒系统等先进的技术装备。三是常备一些用于疫情突发的器材药物，抢在疫情初起的第一时间段作出应对。

4. 制定预案　防控工作要未雨绸缪，提前做好各种准备工作，其中包括各种预案准备，一旦发生情况，便有章可循或者参考应对，不致出现慌张混乱局面。预案的制定要从企业的实际情况出发，可以包括各种常见病害的专项防治办法、疑似新发病害的防控处置、中小疫情发生的处置程序、重大疫情发生的应急启动、厂区公共卫生全年工作指南、延请社会援助力量等方案。

工厂疫情监测实施参见表 15-1。

表 15-1　工厂疫情监测

监测对象		监测内容	监测时点	监测方法
环境监测	厂区卫生	杂草、积水、垃圾清理	1 次 / 旬	巡视点检
	车间库房	鼠迹、虫迹	1 次 / 周	诱捕观察
	净化区域（缓冲、冷却、接种、菌种室）	空气菌落	1 次 / 双日	平板沉降

（续）

监测对象		监测内容	监测时点	监测方法
源头监测	料源质量	变质、酸败、长螨虫	1次／日	人工观察
	水源净化	微生物指标	1次／周	镜检计数
	气源净化	微生物指标	1次／周	镜检计数
工艺监测	种源纯度	杂菌污染	1次／批	镜检判断
	灭菌工艺	灭菌效果	需要时	培养料回接
生长监测	养菌房	竞争性杂菌	全部批次／日	肉眼观察
	出菇房	侵染性病害	全部批次／日	肉眼观察

第三节
工厂疫情监测

　　疫情的发生亦是有规律的，有端倪可察，有征兆可寻。生产企业的防控系统要安排植保人员进行疫情监测。常态监测内容包括环境卫生、物源情况、工艺过程和整个产品生长发育情况等。监测人员可以随时发现问题，及时作出预报预警；特殊监测是指疫情发生后的全过程跟踪观察，有利于掌握动态，及时制定和调整防控措施。

　　发现病虫害后，除应立即报告有关部门进行处置外，还应继续跟踪监测，观察疫情变化情况和防控措施的落实情况。

第四节
疫情诊断评估

一旦发现疫情，有关部门应首先迅速查清病原，同时了解成病原因、传播途径、危害程度以及发展趋势。对疫情进行正确的诊断和评估，为如何出招应对、制定措施提供依据。

一、疫情诊断

1. 症状鉴别 食用菌病害的症状是由病状和病症两个部分组成。病状是感病食用菌本身表现出的直观变化特征，如萎蔫（枯萎、赤枯、黄萎）、畸形（弯头、菜花状、针头状）、腐烂（绵腐、软腐、溃疡、溢脓）、变色（褐斑、黄斑）。病症是指病原物在寄主上出现的特征，如霉状物（菌丝体或繁殖体：毛霉、黑霉、绿霉）、粉状物（孢子：白粉、锈粉、黑粉）、粒状物（孢子器、孢子盘、子囊壳、菌核），病状病症的特点往往是判定病害最基础、最直观的资料。

2. 采样检查 单凭症状判断是不够的，因为往往会是同一病因，却表现出不同症状；而同一症状，也可能是由不同病因引起的。所以如果要正确诊断，最好还是通过现场采样、平板培养（菌落形态）、镜检观察来"验明正身"。真菌可以通过菌丝形态、孢子形态（有性：担孢子、子囊孢子、卵孢子、结合孢子。无性：分生孢子、厚垣孢子、孢囊孢子、节孢子等）来判别；细菌虽然比较小，但普通显微镜还是可以区分出杆菌、球菌或芽孢菌的。

3. 病原鉴定 科、属、种的鉴定以及生理生化分析比较专业，可以请有条件的专业院校帮助。

4. 确定病害   综合以上几个方面，最后可得出结论性意见。

竞争性杂菌的判定一般采用肉眼或镜检就能确定，而生产者往往更想知悉其产生的原因或时段，以便采取措施"亡羊补牢"。这里根据企业实践经验，汇总了一张简易快速诊断表（表15-2），以供参考。

表15-2   竞争性杂菌污染发生快速诊断

发生环节	症状表现	检出杂菌	发生原因	防治措施
灭菌环节	发菌变慢、菌丝变淡	芽孢杆菌	灭菌不彻底	调整灭菌工艺
	菌包出现满天星污染	绿霉	原料预湿不透	延长预湿时间
	高温季节污染增大	杆菌、球菌	培养料发酸	装料灭菌短于0.5h
冷却环节	瓶（袋）口及料面水滴痕污染	绿霉、毛霉	冷却降温快，瓶（袋）口"结露"	缓冲间采用排气放冷
	灭菌柜近门端菌瓶污染多	细菌、霉菌	灭菌柜与隔墙间有缝隙，负压倒吸	堵塞漏缝
	料面、接种孔高污染	细菌、霉菌	冷却间负压空气过滤失效，环境卫生差	设备设施检修，做好卫生工作
接种环节	固体菌种成排污染液体菌种整批污染	细菌、霉菌	菌种污染	严格选种
	污染断断续续发生	细菌、霉菌	接种机故障，瓶盖不严、脱落，环境卫生差	作业管理，卫生消毒
培养环节	最高层及近风口处污染比例高	毛霉、黑霉	环境卫生差	大扫除
	菌包套环和包壁杂菌污染	链孢霉等	棉塞松脱，菌包破损	移除废包

二、疫情评估

对病害对象、危险级别、发生时间、发生地点、发生数量、影响范围、传播途径、发展趋势以及准备采取的防疫措施和手段进行综合分析评估，为领导决策和下步工作提供方案意见。

第五节
疫情的应急快速处置

在工厂化防控病虫害中，最为可怕的是发生疫病的流行暴发和大范围传染，造成严重的经济损失，企业会因此面临停产、绝产，甚至陷入破产关门的险境。发生这种情况，应该采取何种紧急措施应对呢？众所周知，传染性疫病有三个基本环节：传染源、传播途径和易感群体。只要切断传染病流行的这三个基本环节中的任何一个，其流行就会终止。

一、控制传染源

不少传染性病害在开始发病以前就具有传染性，当发病初期表现出传染性病症时，传染性已达到最强程度。因此，对疫情的发生要尽可能做到早发现、早诊断、早报告、早处理、早隔离。发现疫情，要立即安排控制措施。开始范围较小的，可派有经验的人员将感染的病株或有病灶的菌包(瓶)挑拣出来，挑拣时动作要轻盈，同时给病株套上塑料袋(防止分生孢子飞散)，然后移出菇房集中进行无害化处理，可以送入灭菌锅升温杀灭，也可以采用药剂喷洒杀灭。如果发病严重，已有扩散迹象的，对已发现疫情的菇房或区域，应立即采取封锁隔离措施，防止疫情蔓延扩大，并视情况对疫区进行处理。范围大、程度严重的，必要时放弃采摘，封闭菇房，通入高温蒸汽(或药物熏蒸)连同菌包菇体一起灭菌消毒，然后再移除菌包和残体，清理菇房后用清水反复冲洗，干燥后进行再次消毒。

二、切断传播途径

病原从他处到达寄主感病位置，或是从已形成的发病中心向四周扩散，都需要经过一定的传播途径，主要有土壤传播、气流传播、水流传播、生物媒介传播和作业接触传播等5种形式。

土壤传播：国内仍有个别企业采用袋栽覆土出菇的工艺，土壤必须进行蒸汽消毒，这里不做更多叙述。

气流传播：即病害孢子通过菇房内外的空气交换、内部的空气循环以及人物流移动形成的气流飘散到各处。因此和其他库房采用同一气道的疫病区应另行安排专门供气排气通路；如在大培养房发生批次性的传染性病害，一时无法移除的，可以采用塑料布将染病堆垛完全封闭包裹，然后再进行处理；防止交叉作业，同一走道内不要同时安排采菇和入库。

水流传播：拌料、搔菌和菇房加湿等3个环节的生产用水都要进行水质监测和处理，前二者可在自来水中通入臭氧消毒，加湿一定要用反渗透膜过滤的纯净水。

生物媒介传播：螨虫和菇蚊、菇蝇都可以助纣为虐，因此要注意先行或同步灭除虫害，以消除大患。

作业接触传播：要安排专门人员穿着防护衣帽进入染病菇房，完成工作后立即进行消毒更衣和沐浴。

三、保护易感群体

易感群体是指那些尚未受到感染但对病害缺乏免疫力的食用菌群体。保护措施主要有：①明确划分出染病区、疑似区和正常区，通过场地调整和卫生屏障，使健康种群与疫区或致病体接触机会降到最低；②在不影响食用菌正常生长发育的前提下，于未发生病害的菇房内设置静电吸附空气消毒器、循环风紫外线空气消毒机、臭氧发生器等，进行物理性的空间净化消毒，杀灭飘散的病原孢子；③在杏鲍菇出芽或幼菇期，针对性地选用既能抑制预防病害，又对食用菌有保护作用的特效药剂（如噻菌灵等）进行防疫喷洒。

以上措施，同时三管齐下，要求执行有力，行动迅速，首战告捷，使疫病暴发蔓延的势头得以遏制，然后根据情况发展不断调整方针，使病害不断减轻，直至最后完全扑灭。

对未来可能发生的重大紧急事件，要提前准备应对预案，临事能迅速作出反应，正确应对，同时需要常备一支应急的机动力量，到时能拉得出、打得响、过得硬。

杏鲍菇工厂化栽培
Factory Cultivation of
Pleurotus eryngii

第十六章　企业的节能降耗

　　高耗能是制约食用菌工厂化生产发展的一大瓶颈，建设节能型工厂已成为业界的不懈追求。在这方面可以进行的工作很多，如开发使用可再生能源，采用高效低耗节能设备，推广先进的节能技术和管理技术，挖掘设备的节能潜力，提高用能设备的运行效率等。

第一节
供配电系统的节能降耗

智能配电 食用菌工厂用电容量巨大，负载类型复杂，中压配电覆盖广，供电连续性要求极高。新时期，在我国已开展智能电网建设的情况下，企业也要抓住机会，开展智能配电系统的建设。智能配电的关键技术包括：①高级配电自动化技术；②自愈控制技术；③分布式电源并网技术；④配电设备状态检修技术；⑤智能配电调度技术；⑥信息与通信技术。智能配电能实现配电网的最优运行，达到经济高效。应用先进的监控技术对分散并独立运行的大量配电设备进行实时监测和优化管理，降低系统容载比并提高其负荷率。智能配电能提供优质的电力保障，在保证供电可靠性的同时，还能够提供用户特定需求的电能质量，不仅可以克服以往故障重合闸、倒闸引起的短暂供电中断，还可以消除电压骤降、谐波、不平衡的影响，消除安全隐患，进一步增强对电能质量、能效情况、设备维护的控制和管理。例如，德国施耐德电气的EcoStruxure Power 智能配电系统，可根据用户需求，提供一揽子解决方案，灵活组建从低压主配电到终端配电的端到端无线电能测量解决方案，覆盖更广泛的应用场景。可以比传统的配电网络节省 10% ~ 15% 的电力。

第二节
空调系统的节能降耗

制冷空调系统，无论是在装备数量还是负荷容量上，都是食用菌工厂电力耗费量最大的部分，因此对这方面的节能降耗要求也是最为迫切的。

一、变频调速技术

食用菌工厂的制冷空调一般都是根据全年出现的最大机械负荷工况配机，以满足热负荷高峰期要求。然而在实际运行中，由于四季变化、昼夜温差以及食用菌生长不同阶段需求等影响，制冷机组的大部分运行时间是处在低于设计负荷工况下的。以往企业多采用的是定速空调。所谓定速空调，就是其内部压缩机电机的转速是恒定不变的。在低于设计负荷工况下运行，只能是通过频繁开关压缩机来调节室内温度，因而响应速度慢，室温波动大，而且频繁启动对电网冲击大，压缩机寿命也受影响。

现今大多采用制冷剂可变量空调系统。其特点是采用变频或变容量控制技术，根据负荷的变化要求，对系统的制冷剂流量进行精确的控制，从而调节控制室外压缩机的输出，达到节能的目的。具体有 3 种形式：

1. 交流变频　采用的是交流变频压缩机，脉冲幅度调制（PAM），可以在较大范围内通过改变电流幅度和电机电源的频率来改变电机的转速，从而改变管路中制冷剂循环量，控制空调器输出能力。交流变频空调能根据房间冷（热）负荷的变化，动态地调整压缩机的功率；实现空调机组的大功率启动，迅速地达到所设定的温度后，然后用小功率运行来维持设定的温度；避免了传统定速空调系统"非开即关"的缺点，可以"按需供给"冷热量，减轻了能耗损失，相比传统空调器，可节省15%～30%的电力，还具有启动电流低、电网电压适应性强、低温运行性能好、控温速度快、波动小等优点。而且由于其结构比较简单，因此成本也较低。

2. 直流调速　采用的是直流无刷电机，脉冲宽度调制（PWM），主要通过改变电机输入电压来调节压缩机转速。因为直流调速压缩机可以随外界负荷的大小调节转速，在原理上可以实现无级调速。直流调速系统具备交流变频的一切优点，而且直流变频压缩机不存在定子旋转磁场对转子的电磁感应作用，克服了交流变频压缩机的电磁噪声和转子损耗，具有比交流变频压缩机效率高和噪声低的优点，效率比交流变频压缩机高10%～30%。

3. 数码涡旋变容　采用的是数码涡旋压缩机，同样采用脉冲宽度调制（PWM）。所不同的是，数码涡旋主要是通过调节电磁阀的开启闭合时间和开启程度来调节制冷剂流量，从而调节容量的输出。数码涡旋操作分两个阶段：负载阶段，PWM电磁阀常闭；卸载阶段，PWM电磁阀常开。PWM电磁阀连接调气室和吸气管，断电时PWM电磁阀处于常闭位置，活塞上下侧的压力为排气压力，以弹簧力确保两个涡旋盘处于正常工作位置，使压缩机处于满载状态。通电时PWM电磁阀处于常开位置，调节室内的排气被释放到低压吸气管，导致活塞上移带动顶部的定涡旋盘上移，使两个涡旋盘分离，导致无制冷剂通过，使压缩机卸载。当电磁阀断电时，压缩机再次满载，恢复压缩操作。通过数码控制这两个不同的阶段，就可以控制压缩机的输出容量在10%～100%的容量范围内连续和无级能量调节。

这3种可调节制冷剂变量的空调各有优劣，交流变频空调的调节范围大，成本低，但精度差；直流调速空调的能效比更高，但价格也较昂贵；数码涡旋变容技术先进，但是普及尚需时间和过程。

二、机组并联技术

为了达到节能的目的，大型工厂的培养室和生育室，还可以采用并联机组的形式。并联机组由两台或多台制冷压缩机组成。使用者可根据设施房间的大小和冷量要求，通过选用不同数量和型号的压缩机组合，灵活准确地设计出适应用户需求的并联压缩机组，以解决机组冷量配置过剩或不足问题。其优点还在于：①灵活控制，高效节能。可以根据房间的启用面积和冷量需求，自动选择开启压缩机的数量。在使用过程中还可以根据情况的变化，开停部分机组对能量进行输出调节，针对负荷变动始终保持高效的运转状态。这样可以降低运转费用，较单机单库可以实现节能 30%。②平稳运行，保证安全。即使有部分压缩机发生故障，其余压缩机仍可继续工作维持菇房所需的温度。③轮番投入，均衡使用。除夏季高峰或高负荷工况下，总有部分压缩机被安排处于停机状态，控制系统会自动均衡每台压缩机的运行总时间，以防过度磨损。④共享使用，减低成本。并联机组只需安排一套集中控制系统、油分离器、气液分离器、冷凝器、储液器等零部件都可共用，不但可以节省大量元器件采购，而且整个机组结构紧凑，为用户腾出更多的使用空间。

三、磁悬浮技术

磁悬浮制冷机组（图 16-1）是一种以磁悬浮离心压缩机为核心技术的高效节能空调机组。利用由永久磁铁和电磁铁构成的径向轴承和轴向轴承组成数控磁轴承系统，实现了压缩机的运动部件悬浮在磁衬上无摩擦地运动，磁轴承上的定位传感器为电机转子提供超高速的实时重新定位，以确保精确定位。磁悬浮离心压缩机采用了直流变频控制技术，压缩机的转速随着负荷的变化，可实现能力在 6% ~ 100% 的无级调节。磁悬浮离心压缩机的轴转速可高达 1.8 万 ~ 4.8 万 r，而普通离心压缩机的转速仅能达到 8 000r。高转速带来的好处是叶轮直径可减小至 5 ~ 8cm，磁悬浮压缩机的体积与重量仅为相同冷量常规压缩机的 20%

图 16-1　磁悬浮制冷机组

左右。磁悬浮变频离心式冷水机组采用双极压缩中间补气制冷循环，比单级压缩制冷循环效率提高 5%。磁悬浮变频离心式冷水机组的节能性主要体现在部分负荷时的高能效比，机组综合部分负荷性能系数（IPLV）可达 11.98，能效比（COP）可以达到 8，而普通冷水机组的 COP 只能达到 5 ~ 6。磁悬浮变频离心式冷水机组与传统螺杆式冷水机组相比，主机可节能 50%，系统节能 40%，由于 100% 无油设计，在制冷系统里面没有润滑油，换热器的表面不会形成妨碍传热的油膜，由此在蒸发器里提高了蒸发温度，在冷凝器里降低了冷凝温度，制冷机组的效率大大提升；悬浮轴承无磨损，运行噪声小，使用寿命长，还可以大大节约维护费用。

四、热泵技术

热泵是一种充分利用低品位热能的高效节能装置。它在工作时本身只消耗很少一部分电能，却能从环境介质（水、空气、土壤等）中获取 4 ~ 7 倍的供热量，提升温度进行利用，这也是热泵节能的原因。据报道，新型热泵的制冷系数可达 6 ~ 8。热泵按热源种类可分为空气源热泵、水源热泵、地源热泵、双源热泵（水源热泵和空气源热泵结合）等。由于热泵装置的工作原理与压缩式制冷是一致的，因此在同一台空调器中，兼具了制冷降温和加热取暖两项功能。除了空气源热泵外，地源热泵也是目前人们采用最多的一种高效节能装备。地源热泵利用的介质主要有土壤源、地表水、地下水和污水源等四类。将其作为冬季供热的热源和夏季制冷的冷源，即在冬季把地能中的热量取出来，转移到建筑物内用于供暖；夏季把建筑物内的热量取出来，释放到地能中去得以降温。通常地源热泵消耗 $1kW \cdot h$ 的能量，用户可以得到 $4kW \cdot h$ 以上的热量或冷量。因此地源热泵比传统空调系统运行效率高，其节能效果可达 40% 左右。该系统不用冷却塔，没有外机，一套装置替换了原来锅炉加制冷机的两套装置。而且机组运行稳定可靠，使用寿命长，维护费用低。地源热泵的污染物排放也比电供暖减少 70%。北美洲、欧洲的许多发达国家对该技术的应用已十分广泛。如果在资源条件和系统条件适宜的前提下，积极采用地源热泵技术，可以使相当多的食用菌工厂减少大量能耗。

第三节
空压系统的节能降耗

压缩空气是食用菌工厂的重要动力源，在多个生产环节几乎是不可或缺的。一些用气量大的企业，空气压缩系统的电能消耗甚至可占到整个生产能耗的 8%～10%。但大多数工厂空压机的有效能耗只能达到 60% 左右，其余 40% 左右都在运行环节中被白白浪费掉。因此节能的潜力巨大。

1. 采用高效机型 在设备选型时，主机一定要采用运行效率高的机组（如无油螺杆机），结合局部增压技术和高效分级技术实现主机高效化。

2. 采用变频调速 采用变频器来调整空压机的产气量，使产气量和用气量相匹配，最大限度降低空压机的卸载。变频调速可将空压机的出口压力稳定在定值附近，避免管网压力过大而造成空压机效率降低和管网泄漏增大等问题。

3. 开展智能群控 通过配置完善的传感器网络系统，在线采集压缩空气的压力、流量、温度、露点、压缩机功率和电机频率等各项运转指标，并通过空气压缩机优化调度算法，实现压缩机组的节能优化运行。

4. 自热干燥再生 利用压缩空气自身的热量对干燥剂进行再生，使得再生过程不消耗任何压缩空气，实现压缩空气干燥过程的零气耗和零电耗。

5. 余热回收利用 空压机高速运行中产生的大量热量，是经过润滑油带出机体外，再以风冷或水冷的形式散放到环境中。空压机的润滑油温度通常在80(冬季)～97℃(夏秋季)。这些被废弃的热能也有很好的利用价值，只需加装一套高效热交换装置，将高温润滑油热量转换为60～90℃的高温热水，可以直接作为企业的生产、生活用热，而且还能降低空压机油温，提高产气率，延长空压机使用寿命，减少运行费用。

第四节
供热系统的节能降耗

锅炉蒸汽也是企业节能重点环节。

1. 锅炉烟气的余热回收 烟气是一般耗能设备浪费能量的主要形式，工业锅炉烟气排放温度普遍高达180℃以上，约带走了锅炉供热量的15%。在烟道出口处加装烟气换热装置，有效回收这部分受污染的烟气余热资源，可以用来预热锅炉助燃空气(空预器)，也可以用来预热锅炉给水(省煤器)，还可以用来生产热水(水加热器)，同时减少了烟气中有害物质的排放，项目的经济效益和社会效益非常显著。

2. 废蒸汽的余热回收 灭菌过程中使用过的废蒸汽量大且多，很多企业都白白放空，可以集中回收通过专门管路进入换热装置生产热水后再排放，加热的水可通过循环管网安排给菇房加温（北方）或供企业其他生产生活使用。

第五节
照明系统的节能降耗

光导照明 是应用前景极为广阔的新型技术，是一种光纤式太阳光导入系统，其原理是利用安装在室外的太阳光跟踪采集器，聚集并压缩阳光，并可根据需要过滤掉绝大部分红外线和紫外线，再利用光导纤维输入室内，利用照明灯具布光。光导照明能够替代普通光源为各种建筑、场所的白天照明提供支持，尤其可以在全封闭的人工光利用型的农业工厂中大显身手。

第六节
蓄能技术

为了降低能源成本，日本和韩国一些植物工厂已采用蓄能技术。此类技术是用电使介质形态变化，储存能量，通过能量的转换起到间接储存电能的作用。在电力负荷低的夜间，用电动制冷机制冷将冷量以冷水或冰的形式储存起来，在电力高峰期的白天，充分利用储存的冷量进行供冷，从而达到电力移峰填谷的目的。执行分时电价的企业可以因此降低成本，并且平衡用电负荷，保证电网的安全。

水蓄冷：以水为介质，将夜间电网多余的谷荷电力（低电价时）与水的显热结合起来，以低温冷冻水形式储存冷量，并在高峰用电时段（高电价时），使用储存的低温冷冻水作为冷源。

冰蓄冷：利用夜间电网多余的谷荷电力继续运转制冷机制冷，并以冰的形式储存起来，在白天用电高峰时将冰融化供给制冷机使用。

由于水蓄冷属于显热蓄能，每千克水发生1℃的温度变化时吸收或释放的热能约为4.19kJ，而冰蓄冷属于潜热蓄能，每千克0℃的冰发生相变融化成0℃的水需要吸收约334.87kJ的热量，所以冰的潜热蓄能大大高于水的显热蓄能。

冰蓄冷在技术上又分静态冰蓄冷和动态冰蓄冷两种。静态冰蓄冷主要采用冰球和盘管的传统静态制冰工艺，速度慢、效率低、耗能高、设备庞大。动态冰蓄冷主要采用滑落式冰片和冰浆的动态工艺方式。相比较其优点是场地面积小、蓄冰槽浅、蓄冷量高。蓄同样的能量，动态冰蓄冷系统的制冷蒸发温度可提高5℃，能效可提高30%，占地面积可减少1/3，并且初始投资可节约20%～30%。动态冰蓄冷在发达国家已成为主流技术，我国近年来也已取得突破。

在欧洲和北美洲，开始流行一种可以在白天吸收热量，夜晚释放热量，从而减少空调使用的建筑墙板。墙板内加入了由德国化学巨头巴斯夫公司研制的含有相变材料——固体石蜡的胶囊，白天在日晒温度升高的情况下，固体石蜡会熔化吸收热量降低室内温度，夜晚外界气温降低时胶囊内的石蜡能重新变硬，从而释放出白天储存的热量，使屋内保持温暖。

第十七章　菌渣的综合利用

　　收获后的废菌渣，应及时收集和统一处理。随便丢弃和任意排放会造成厂区和周边环境的严重污染，同时也是极大的资源浪费。因此，开展对菌渣资源的无害化处理和综合利用，是食用菌工厂化生产中一个不容忽视的重要方面，也是产后技术研究的一个重点，对于保护环境、实现清洁生产和绿色发展，以及降低企业成本、增加效益有着十分重要的意义。目前，国内外在废菌渣利用上做得比较好的有以下几个方面。

第一节
基质化利用

　　由于杏鲍菇的工厂化生产大都采用一次性采收的作业方式，因此菌渣中仍含有大量的营养物质未能充分利用。河北省东光县将收获过一潮菇的菌袋交给周边农户进行二次出菇，在大棚内做宽 1.3m、深 10～15cm 的畦，两畦距离 50cm，将旧菌包脱袋埋入地下，未出菇的一面朝上排列定植于畦内。浇水覆土，覆土层含水量 20%～30%，棚内温度 17～20℃，空气相对湿度 60%～70%，15d 后可见畦面子实体发生，菇蕾形成后 8d 可采收。福建省的菇农将出菇后的菌渣脱袋粉碎晒干用于草菇生产，使用前先进行堆置处理，然后进行巴氏消毒，播种出菇，13d 就可以采收，每平方米菇产量可以达到 6.15kg，生物学效率为 24.6%，经济效益十分可观。江苏省利用杏鲍菇废渣加畜粪，进行建堆发酵，用于双孢蘑菇栽培，不仅降低了原材料成本，简化了生产作业，还获得了很好的收益，每平方米产量可以达到 15kg 左右。此外国内利用杏鲍菇废渣成功栽培秀珍菇、滑子菇、鸡腿菇也已多见报道。

第二节
燃料化利用

　　菌渣中保留有大量的可燃物质，热值很高，是非常适合开发利用的一种绿色可再生能源。据测定，菌渣的热值约为 15 000kJ/kg，相当于标准煤的 50%。并且菌渣的含硫量很低，平均含硫量只有 0.38%，而煤的平均含硫量约达 1%。在直燃方面，用挤压成形工艺将菌渣加工成供生物质锅炉使用的颗粒料已经在多地推广使用；而利用菌渣进行生物质气化发电更有着广阔的前景，这是一种将低品位能源转换成高品位能源的先进技术。它采用循环流化床气化炉将菌渣废料分解转换为可燃性气体，再将气体除尘除焦净化后，送至低热值燃气内燃机内进行发电。一个日产 30t 杏鲍菇的工厂排出的菌渣，可供 1 个 1MW 的气化电厂使用，全年可发绿电 800 万 kW·h。相当于每年节省 5 000t 标准煤，减排二氧化碳 3 200 万 t，减排二氧化硫 350t，减排氮氧化物 150t。

第三节
肥料化利用

　　杏鲍菇栽培用过的菌渣，含有大量有机质和钾、镁、磷、钙等矿质元素，是很好的有机肥原料。菌渣制成的有机肥能够改善土壤理化性状，增强土壤肥力。国内有许多生物肥料厂，以菌渣＋畜禽粪便为原料加入生物菌剂，用发酵法开发出多种有机复合肥料，以供农田、绿化和家庭养花等施用。有研究表明，将杏鲍菇菌渣制成的肥料用于番茄栽培，可以提高番茄果实中可溶性固形物含量，降低有机酸含量，从而使果实的口味和营养品质得到改善。用杏鲍菇菌渣栽培莜麦菜，能促进莜麦菜的叶绿素合成和快速生长，提高产量。杏鲍菇菌渣含有 3%～5% 的灰分，气化燃烧后的锅炉飞灰以灰渣、炉底灰的形式被收集，是很好的钾肥。

第四节
饲料化利用

菌渣营养丰富，其中含有丰富的菌丝蛋白、多糖、氨基酸，以及铁、钙、锌、镁等多种中微量元素，还有一定量的生物碱、有机酸、多肽、甾醇及三萜皂苷等化学物质。而且在栽培过程中，培养料中难以消化的大分子物质被大量降解，其中纤维素含量降低50%，木质素含量降低20%。利用酶制剂或生物菌剂对菌渣进行处理，可以进一步将其开发成生物饲料，部分替代全价料来喂养畜禽。据内蒙古善堂农牧科技有限公司提供的资料，用菌渣饲料喂猪，可以从25kg的幼猪开始起喂，逐步加大比例，尤其是70kg至出栏期的猪，菌渣饲料饲喂比例可以增加到50%～60%。用菌渣饲料喂鸡，菌渣饲料占比可达20%；用菌渣饲料喂鹅，菌渣饲料占比可达70%；用菌渣饲料喂牛，在精料中的菌渣饲料比例可达20%。养殖户可因此降低饲喂成本，取得较好的经济效益。此外，菌渣中含有多糖等多种生理活性物质，对增强饲喂对象的消化吸收率和机体免疫力，改善饲喂对象的代谢机能以及防病抗病有着重要作用。

第五节
环保化利用

杏鲍菇菌渣在消除和解决环境化学污染方面具有很大的潜力。多环芳烃是一大类备受关注的、持久性的环境污染物，具有强烈的致畸、致癌、致突变作用。有人用双孢蘑菇、杏鲍菇、糙皮侧耳和毛头鬼伞等4种菌渣的粗提液，对15种多环芳烃类物质（PAH）进行生物降解试验，结果表明杏鲍菇菌渣具有最高的PAH总降解率，其中对蒽和苯并[a]芘的降解最快。因此许多人利用杏鲍菇菌渣开展对污染土壤和水体中的有害物质进行吸附、过滤、降解和移除的生物修复工程研究。沈阳大学宋雪英等使用杏鲍菇菌渣作为调理剂对老化柴油污染土壤（初始总石油烃含量16 239mg/kg）进行堆置处理，经90d后，供试污染土壤中总石油烃的去除率可达73%。

第十八章　杏鲍菇工厂的新发展

　　在新时期，杏鲍菇工厂的建设也正朝着更高的阶段发展。其变化将主要体现在以下几个方面。

第一节
向批量化定制生产转变

目前国内杏鲍菇生产企业采用的基本是规模化的大批量生产模式。这种刚性化的生产虽然效率很高，但却很难以不变应万变，满足各种不同的市场需求。如外贸出口，目前国内多数企业生产的产品规格（尤其是袋栽）往往很难与国际消费市场需求接轨。欧洲很多地方是杏鲍菇的传统消费区，但当地人大都喜欢小型幼嫩的子实体，采购的长度标准往往要求为10cm、8cm甚至6cm，菇盖要大，伞形要靓，颜色要深。经销商一次订货往往只有数百千克，这给接单企业的生产、包装都带来很大困难。日本、韩国市场习惯直立瓶栽的杏鲍菇，但对菇形外观也有各自要求。从国内市场来看，北方地区比较欢迎大号菇，南方地区则偏爱中小号菇。并且随着社会的不断发展，非标的个性化消费需求也越来越旺盛。紧实脆嫩的小号菇要比中空绵软的大号菇更受欢迎。

市场的需求细分和消费的购买迁移要求供应端以多规格、多样式的产品组合来应对。

批量化定制是一种使用与大规模生产相同的成本和时间，用先进的工艺技术和精准的管控手段实现客户多样化需求的生产模式。工厂接到订单后，会根据订货者数量规格要求，安排相应的生育库房，制定精准的调控方案，通过不同时段温、光、水、气等环境因子作用，控制出菇的个数、长短、粗细以及菇盖大小、颜色深浅。加上采后细致的整理分级，使其完全达到顾客的预想要求。这种批量化定制，虽然可能会在采获量上有所损失，但在销售单价上往往比统一规格的大路货高出一大截，企业反而能够获得更好的收益。目前国内福建嘉田农业开发有限公司在这方面的尝试已经取得了可喜的成果，产品远销海外多个国家或地区，并且建立了稳定的合作关系。

批量化定制是一种既可实现规模化生产又能满足多样化需求的生产方式，兼顾了生产效率和产品线宽度，可以大大提升企业的市场适应度和竞争力。

基因型和环境条件是影响作物表型的两个关键因素，其中遗传基因的影响是先天的，是内因；而环境条件的作用是后天的，是外因。两者通过互相作用共同决定了作物的生长表现。杏鲍菇批量化定制生产的模式，就是循此路径，从两方面着手的。

（1）系列化的种质备选。遗传多样性是表型多样性的基础。不同基因型的种质各有不同的特征性状。因此企业所能掌握的种质丰富度就成了应对市场变化的一个先决条件。虽然我国杏鲍菇的野生资源匮乏，但从 20 世纪 90 年代起，业内通过各种途径从世界各地引进了相当数量的菌株。其中既有少数采自欧洲、中亚等原产地的野生驯化种，更有大量通过人工手段育成的试验种或栽培种。多年来引进地区和单位又在此基础上，选育和发展出更多适应本地市场、适合工厂化栽培的优良菌株，形成了具有丰富多态性的种源基础。有关企业如能从中精选多个不同类型但又适合自己栽培的种质组成系列，常备出发种，就能在商业洽谈和组织生产中掌握主动。

（2）精准的调控塑形。相同基因型的个体在不同环境条件下也会发生表型改变。杏鲍菇是一种对外界变化十分敏感的菌类，可以通过人为的环境因子调控对其子实体的表型性状进行定向塑造，从而达到理想的商业要求。例如可以利用温度高低调控菇体的生长速率；利用 CO_2 浓度控制菌柄的长短粗细和菇盖的厚薄大小；合理应用干湿差可以控制菇蕾数量；光照在杏鲍菇的菌丝扭结、原基分化、芽蕾控制、生长塑形等环节都能产生重要影响。经过训练的生产者可以根据客户需求，灵活调整工艺、改变手法，对每批不同要求的产品实施精准调控从而达到目的。

今后如能采用更先进的科学技术手段，用人工智能调控替代人工经验调控，那前景就更加光明了。

要发展菌菇的批量化定制生产，企业的生产系统就要满足更高的可靠性、精确性、灵活性和柔性要求，同时生产组织也需要更高的资源配置能力、快速响应能力和指挥调度能力。尤其在计划、执行、控制和设备四个层面上完成并适应这一转变而实现流程再造。

第二节
向数字化智慧工厂转变

数字化、智能化是未来食用菌工厂迈向高端化发展的重要方向。它是以信息化技术为依托，按生产者需要的目标，将工厂化农业系统中所涉及的生物要素、环境要素、技术要素、社会经济要素等，用数字的形式来描述它们的状态和运动规律，从而对农业工厂化生产所涉及的对象和全过程进行数字化表达、设计、控制、管理。具体可以包括农业资源的信息化管理、农作物状态的自动化测控、生产过程的动态化模拟、生产系统的可视化仿真、管理知识的模型化表达、农作物管理的精确化控制等。当前，国内外都在积极探索建立数字化农业或智慧工厂的实验系统，并在多个方面已取得了突破。这将为企业带来更高的生产效率、更低的生产成本和更好的产品质量。

1.机器人应用　近年来人工成本的不断抬升，让许多企业不堪重负。"机器换人"已成为行业共识，引入先进的自动化设备和机器人技术，不仅可以提高生产效率，大大节省人工费用，还给现场管理和质量控制带来很大益处。例如采收是整个杏鲍菇生产环节中最费人工的，日本已采用机器人采收，每小时可达 6 000 瓶，并且可以不受 8h 工作时间限制连班作业。还有无人驾驶的智能化搬运车，如自动导引运输车（AGV，图 18-1），其装有自动导向系统，可以根据中央控制台的指令，自动装卸工件、自动识别路径、自动避让障碍、自动补充能源；其工作范围和行驶路径还可以根据仓储货位、生产流程的改变而灵活改变。相比现有企业内普遍配置的自动流水输送线（悬空、落地），不仅可以节省大量场地空间，还可以根据需要灵活调用。

2. 智慧栽培 目前现有的菇房生育调控，都是由技术人员深入一间间菇房现场巡查，凭肉眼观看，凭经验判断，设定参数开关设备进行调节。因此受人为因素影响很大（水平高低，状态好坏，以及责任心等），加上调控人员每天要走几万步，对体能也是一个很大的考验。上海荣美农业科技有限公司和上海第二工业大学合作，研发了一套"海鲜菇人工栽培环境的智能化控制系统"（图 18-2）。这套系统由三个子系统组成：其一是在计算机上构建一个虚拟的食用菌标准化生长仿真模型。可以精确反映食用菌在不同环境条件下的生长状态和变化趋势，从而帮助生产者更好地了解和控制食用菌的生长过程。其二是建立了一套基于表型性状的全生育期现场实时监测系统。利用移动巡检的机器视觉（深度相机）对子实体的发育情况、生长速度、外观形态等进行现场采集和特征提取。连同菇房温、光、水、气等环境因子的自动化监测数据一起，提供给中央处理器。其三是一套具有深度学习功能的智能化决策管理系统。它能

图 18-1 自动导引运输车

图 18-2 智能化控制系统

根据所获信息，将现场数值与生长模型的标准数值进行比对。当发现异常情况（偏离正常值）时，系统就会自动发出警示信号，通过量化分析准确判断出栽培管理过程中环境－对象－技术所发生的问题，制定或提出相应的调控改善方案，指挥执行系统运筹相关的设施设备进行精准调控。该系统的研发探索了一条从人工经验调控向人工智能调控转变的新路径。

还有许多企业开始引入物联网、大数据、云服务等技术，对食用菌工厂生产管理、工艺管理、能源管理和财务管理进行全面监测和精确控制，并且通过对海量的数据进行挖掘和分析，从中发现企业生产经营过程中存在的问题和改进空间，为领导决策提供科学依据，从而提高食用菌工厂的管理水平和生产效率，减少资源浪费。

第三节
向绿色低碳发展方向转变

绿色低碳发展也是杏鲍菇工厂未来发展的又一重要趋势。

1. 构建绿色生产技术体系　企业制定和完善绿色生产的技术标准和工艺规程；开展绿色食品和有机产品认证；选育和采用适合工厂化栽培的高产优质抗逆菌株；选用和配齐各种清洁、环保、节能、减排的硬件设施和装备手段；改善和优化食用菌基因、养分供应和环境因子互作增效的生物学调控技术；建立和健全生产全过程的质量保证体系和产品可追溯体系；采用物理防治、生态防治、生物防治等绿色防治措施防治病虫害等。

2. 发展绿色清洁能源替代　积极采用太阳能、风能、生物质能等可再生能源，替代传统的化石能源，减少对环境的污染和破坏。国内现有的食用菌工厂一般规模都较大，占地面积动辄就有几万平方米，可以通过在厂房屋顶上方加装太阳电池板的形式，与有关方面合作建设光伏发电站（图18-3）。所发电力优先供给企业使用，多余或不足的电力通过连接公共电网来调节。据测算，10 000m² 的屋顶面积，装机容量可以达到1MW，年发电量可达100万 kW·h（各地区由于光照时长不同而有差别）。相当于替代328t 标准煤，减少碳粉尘排放量272t，减少二氧化硫排放量30t，减少氮氧化物排放量15t，减少二氧化碳排放量997t。

3. 推进绿色循环资源利用 以往工厂化生产大都采用一次性收获方法，用过的培养基质即弃之不用。而排放的菌渣，不但其中仍含有大量营养物质未能充分利用，造成资源浪费，而且因为处理困难，随意排放或直接燃烧会造成周边环境和空气污染。如采取原材料梯级利用的方法，即一次利用，栽培要求较高的杏鲍菇；二次利用，用菌渣栽培其他要求较为粗放的草菇、双孢蘑菇、秀珍菇等；三次利用，可将废料用于气化发电；四次利用，作为生物肥料还田。不仅物尽其用，还降低了生产成本，保护了环境。此外，在余热利用方面，也有大量文章可做。

图 18-3　工厂屋顶的太阳能

附录
工厂经营示例

　　选择日产 8 000 包的家庭设施栽培，日产 40 000 包的中型周年化生产工厂，以及日产 300 000 包的大型周年化生产工厂作投资损益分析，并设定菌包采用规格为 18.5cm×36cm 的袋，装料量 1.35kg，平均产量为 0.5kg/ 包，平均售价为 5.75 元 /kg。本附录数据源于 2019 年实际成本和销售价格，成本中未考虑土地费用因素。

一、小型家庭栽培（每日 8 000 包）

　　需要安排 5 073m² 菇房面积；资金投入 990 万元，其中固定资产投入（菇房与设施设备）927 万元，流动资金投入 63 万元；固定操作人员28 名。全年生产投入 272 万包；年产鲜菇量 1 360t，年销售收入 782 万元。生产总成本 533.9 万元，加销售、财务、管理三项费用 132 万元，全年利润可达 116.1 万元（附表 1）。

附表 1　小型家庭栽培正常年份销售成本预测

		项　　目	费用（万元）
变动成本	1. 直接材料	麦麸	32.6
		玉米芯	28.7
		蔗渣	10.1
		木屑	36.5
		豆粕	43.5

（续）

项　目		费用（万元）
变动成本	玉米粉	32.6
	石灰	2
	轻质碳酸钙	3
	小计	189
2. 包装材料	塑料菌袋	15.8
	包装袋	9
	纸箱	44
	泡沫箱	5.2
	小计	74
3. 其他材料（消毒剂、杀菌剂等）		4.9
4. 直接人工费用（加班费等）		200
5. 直接费用	水	1
	电	51
	燃料（利用废菌糠）	14
	小计	66
合计		533.9
固定成本 1. 制造费用		2.2
2. 管理费用		21
3. 销售费用		47
4. 财务费用		61.8
合计		132
总成本		665.9

注：单位成本4.9元/kg(未考虑土地价格因素)。其中：固定成本0.97元/kg，变动成本3.93元/kg。

二、中型工厂栽培（每日40 000 包）

需要安排18 650m² 菇房面积；预计资金投入5 016 万元，其中固定资产投入（菇房与设施设备）3 782 万元，流动资金投入1 234 万元；招收职工120 名。全年生产投入1 460 万包；年生产鲜菇量7 300t，实现销售收入 4 197.5 万元。生产总成本 2 582.8 万元，加销售、财务、管理三项费用 645.5 万元，全年利润可达 969.2 万元（附表 2）。

附表 2　中型工厂栽培正常年份销售成本预测

项　目			费用（万元）
变动成本	1. 直接材料	甘蔗渣	54
		木屑	195.6
		豆粕	233.6
		麦麸	175.2
		玉米	175.2
		玉米芯	153.7
		石灰粉	10.2
		轻质碳酸钙	16.1
		小计	1 013.6
	2. 包装材料	塑料菌袋	85
		包装袋	48
		纸箱	236
		泡沫箱	28
		小计	397
	3. 其他材料（消毒剂、杀菌剂等）		44.6
	4. 直接人工费用（加班费等）		740
	5. 直接费用	水	5.7
		电	277.4
		燃料（利用废菌糠）	104.5
		小计	387.6
	合计		2 582.8
固定成本	1. 制造费用		18.5
	2. 管理费用		123
	3. 销售费用		252
	4. 财务费用		252
	合计		645.5
总成本			3 228.3

注：单位成本 4.42 元/kg(未考虑土地价格因素)。其中：固定成本 0.88 元/kg，变动成本 3.54 元/kg。

三、大型工厂栽培（每日 260 000 包）

需要安排 217 000 m² 菇房面积；预计资金投入 2.2 亿元，其中固定资产投入（菇房与设施设备）19 522 万元，流动资金投入 2 385 万元；招收职工 580 名。全年生产投入 9 000 万包；年生产鲜菇量 45 000t，实现销售收入 25 875 万元。生产总成本 15 412.5 万元，加销售、财务、管理三项费用 3 727 万元，全年利润可达 6 735.5 万元（附表 3）。

附表 3　大型工厂栽培正常年份销售成本预测

	项　目		费用（万元）
变动成本	1. 直接材料	麦麸	1 080
		玉米芯	947.7
		蔗渣	333
		木屑	1 206
		豆粕	1 440
		玉米粉	1 080
		石灰	54
		轻质碳酸钙	9
		小计	6 149.7
	2. 包装材料	塑料菌袋	523.8
		包装袋	297
		纸箱	1 458
		泡沫箱	173
		小计	2 451.8
	3. 其他材料（消毒剂、杀菌剂等）		275
	4. 直接人工费用（加班费等）		4 147
	5. 直接费用	水	35
		电	1 710
		燃料（利用废菌糠）	644
		小计	2 389
	合计		15 412.5
固定成本	1. 制造费用		114
	2. 管理费用		758
	3. 销售费用		1 553
	4. 财务费用		1 302
	合计		3 727
总成本			19 139.5

注：单位成本 4.25 元 /kg(未考虑土地价格因素)。其中：固定成本 0.83 元 /kg，变动成本 3.42 元 /kg。

参考文献

 References

艾柳英 ,2018. 光照对杏鲍菇子实体形成影响机理研究 [D]. 福州：福建农林大学 .

边银丙 ,2017. 食用菌栽培学 [M].3 版 . 北京：高等教育出版社 .

谷延泽 ,2009. 白灵菇和杏鲍菇的营养分析和比较 [J]. 安徽农业科学 (21) :9931-9932.

罗信昌，陈士瑜 ,2016. 中国菇业大典 [M].2 版 . 北京：清华大学出版社 :755-771.

胡清秀，吉叶梅，侯桂森，等 ,2006. 杏鲍菇栽培 [M]. 北京：中国农业科学技术出
版社 .

黄家福，潘裕添，林娇芬，等 ,2016. 杏鲍菇结构物质预防脂肪肝和降血糖的研究
[J]. 闽南师范大学学报 (自然科学版)(3) :85-90.

黄毅 ,2014. 食用菌工厂化栽培实践 [M]. 福州：福建科学技术出版社 .

金汉庆 ,2012. 韩国的杏鲍菇栽培历史和栽培技术 [C] ‖ 第六届中国蘑菇节论文
集 :50-61.

久保贵宏 ,2010. 日本的杏鲍菇工厂化瓶栽技术 [C] ‖ 第四届中国蘑菇节论文集 .

李飞，夏文静，臧玲，2015. 杏鲍菇漆酶的诱导及其对染料的脱色降解 [J]. 河南农
业科学 (10) :136-140.

马红，朱秀娜，刘小雪，等 ,2015. 中国工厂化栽培杏鲍菇菌株的 RAPD 和 ISSR 分
析 [J]. 食用菌 (5) :16-18.

木村荣一 ,2012. 杏鲍菇栽培中的病害预防 [C] ‖ 第六届中国蘑菇节论文集 :42-49.

秦静远 ,2016. 植物和植物生理 [M].2 版 . 北京：化学工业出版社 .

茹瑞红，李烜桢，黄晓书，等，2014. 食用菌菌渣缓解地黄连作障碍的研究 [J]. 中国中药杂志，39(16)：3038-3041.

宋婷，2014. 不同处理对杏鲍菇贮藏过程中品质及相关酶活性的影响 [D]. 太谷：山西农业大学.

宋雪英，梁茹晶，孙礼奇，等，2014. 以菌糠为调理剂的柴油污染土壤堆肥技术 [J]. 沈阳大学学报（自然科学版）(3)：179-183.

王桂金，刘遐，2016a. 液体菌种制备中的问题发生及解决 [J]. 食用菌 (2)：46-48.

王桂金，刘遐，2016b. 液体菌种应用中相关技术的协同配合 [J]. 食用菌 (5)：37-38.

王智学，方新，冯健，2008. 食用菌发酵液防治番茄根结线虫病的效果 [J]. 山东农业科学 (9)：84-85.

邢来君，李明春，1999. 普通真菌学 [M]. 北京：高等教育出版社.

张金霞，2001. 中国食用菌菌种学 [M]. 北京：中国农业出版社.

张金霞，2005. 中国栽培刺芹侧耳种族群遗传多样性及鉴定技术研究 [D]. 北京：中国农业大学.

张金霞，黄晨阳，陈强，等，2005. 多样性丰富的刺芹侧耳种族群 [J]. 菌物学报，24：71-73.

张金霞，赵永昌，等，2016. 食用菌种质资源学 [M]. 北京：科学出版社.

郑雪平，2015. 杏鲍菇菌株资源遗传多样性分析和评价 [D]. 长沙：湖南农业大学.

郑雪平，冀宏，尹永刚，等，2014. 中国杏鲍菇工厂化实践及问题分析与展望 [J]. 中国食用菌 (1)：7-11.

郑雪平，刘遐，2016. 创新生产模式——我国杏鲍菇工厂化袋式栽培发展解构 [J]. 食用菌 (2)：67-70.

澤章三，2001. エリンギ 安定栽培の实际と贩壳利用 [M]. 農文協.

Ro H S, Kang E J, Yu J S, et al., 2007. Isolation and characterization of a novel mycovirus, PeSV, in *Pleurotus eryngii* and the development of a diagnostic system for it [J]. Biotechnology Letters, 29(1):129-135.

Li X Z, Lin X G, Zhang J, et al., 2010. Degradation of polycyclic aromatic hydrocarbons by crude extracts from spent mushroom substrate and its possible mechanisms[J]. Current microbiology, 60：336-342.

后记

Postscript

　　《杏鲍菇工厂化栽培》这本书，最初是 2017 年中国食用菌协会与吉林农业大学联合开展的第一届食用菌工厂化管培生培训教材，历经 6 年的精心打磨与持续完善，才得以成册。在它即将与读者见面之际，我心潮澎湃，其中还夹杂着一丝难以言喻的焦虑。好在有诸多前辈、老师的热心帮扶，我相信能和同行们以及后来者一同领略食用菌高峰上杏鲍菇的独特风光。

　　回首过往，当我还是懵懂青年时，虽满怀激情，却无比迷茫。从食用菌农法生产迈向工厂化生产之初，每一个设想和实践，都让我身心俱疲，无助之感如影随形。但我知道，即便没有退路，跌倒后也要爬起，怀揣梦想且坚持不懈之人终会得到命运的眷顾，这是社会给予的馈赠。

　　忆往昔，岁月峥嵘！1994 年，于我的"食用菌"生涯而言是一次重要旅程。广东潮州的赖又茂老先生把我从湖南老家带到广东的食用菌工厂工作。跟随先生的 4 年里，我感受着先生的渊博学识和丰富经验，他的耐心教导如春雨般滋润我年少的心，为我指明了方向，也让我逐渐明晰了人生目标。

　　2019 年，上海的刘遐老先生成为我人生的又一关键引路人。他坚定地支持我前往上海发展，先生的智慧为我答疑解惑，他的鼓励赋予我勇气和决心，让我深耕食用菌事业的信念愈发坚定。

　　还要感恩我的导师——夏志兰教授和李玉院士。他们不仅传授我知识，更教导我为人之道，告诫我要谦虚谨慎、戒骄戒躁，还不断地鼓励我、激励我前行。

　　还应该感谢日本的木材荣一老师，他为此书提供了图表和病害照片，并在

2012 年对北京市正兴隆生物科技有限公司给予了技术指导，对我们的食用菌工厂化生产理论与技术作了系统培训。

特别值得感谢的是江苏安惠生物科技有限公司董事长陈惠，他是我的投资人、兄长，更是我的人生导师。他教会我很多社会知识，指引我人生的前进方向。

时光匆匆，事业逐步发展。在此期间，我结识了许多志同道合的合伙人。无数个日夜，我们并肩作战，攻克了大量技术难题，抵御了市场波动和竞争压力。每一次思想的碰撞与共同的拼搏，都为事业发展筑牢根基。

借此书撰写完成之际，我要感谢一路走来的各位同仁。

在广州正星菇场、昆山市正兴食用菌有限公司、北京市正兴隆生物科技有限公司、苏州润正生物科技有限公司、上海荣美农业科技有限公司等单位共事过的技术部同事郑华荣、张良、朱阳星、姜南、尹永刚、马红、朱秀娜、刘小雪、梁伟霞、王纵龙、梁亚飞、吴周斌、谢长海、程宏宇、宋凯凯、朱春兰、郑平南、何元、杜海涛、王鹏伟等，他们为我提供了珍贵的资料和数据，使我能全面深入地阐述要点和应用。合伙人王桂金女士认真校对，提出宝贵建议，让内容更准确完善。潘卫华帮忙整理，使文字表达更清晰。感谢福建嘉田农业开发有限公司杨艺辉先生提供部分瓶栽照片；感谢邱华峰老师，他用自己的爱好为我们拍摄了许多精美的照片。

更应该感谢我的爱人杨碧云女士，无论是我创业还是学习都一直陪伴在我的身边，无论成功还是失败，都十分坚定地支持着我，贡献她的智慧与青春，成为我最坚实的后盾。

在这漫长的历程中，我深知食用菌技术研究不仅需要知识和经验，更需要热爱与坚持。面对失败不放弃，挫折就是成长的机遇；成功的喜悦让我坚信——坚持必有收获。

在此，向所有助力我事业发展的朋友致以最崇高的敬意和最诚挚的感谢。您们的关爱与支持，让我从新手成长为专业人士。感谢合作伙伴，我们共同铸就了今日的成绩。未来之路漫长，我将不忘初心，持续探索，以更优秀的成果回报大家。愿这本书能助力读者，为行业发展贡献力量。

书中或因我自身知识水平有限而存在不足之处，敬请读者批评指正。

2024 年 10 月 31 日于上海

苏州梓毓钢构净化彩板有公司

食用菌工厂化整体解决方案者

创始于2006年,是一家以钢构系统工程、建筑系统工程、洁净系统工程为主,集设计、研发、生产、销售施工、建设等于一体多元化发展的公司;是苏州市民营科技型中小企业,国家高新技术企业。

1600+案例
专注食用菌工厂化
整体解决达1600+案例

技术领先

经验丰富

产品齐全

整体解决方案业绩:截至202_
年,服务全球各项系统工程项目迂
1600余个,涉及国内40个城市;[
际项目10余个,涉及泰国、韩国、[
本、美国、加拿大、德国等多个国家
EPC承建项目20余个,承建项目.
建筑面积达2000万平方米以上,
产值超100亿元人民币。

联系人 副总经理
陈秋林 13814867606

地址
江苏省苏州市吴江区汾湖经济开发区金盛路399号

　　梓毓公司在激烈的市场竞争中求得发展,在科技创新中取得进步。公司在深入探索和研究总结食用菌厂房结构及各功能区域科学配置的同时,借鉴国外食用菌厂房的成熟做法,建立了一套独特而先进的食用菌工厂化厂房设计、施工工艺和完善的质量管理体系。能为客户建造最符合食用菌工厂化工艺流程,便捷的物流输送通道,环保节能,布局科学合理的食用菌厂房,工厂建成交付生产后,公司依然可以继续提供技术支持、产业延伸、市场开发、人员培训等增值服务。

连云港如意情有限公司
全球最大的鹿茸菇基地

重庆华绿生物科技有限公司

济宁市友泓食用菌智慧产业基地

武威众兴菌业科技有限公司

广西雪榕生物科技有限公司

河北光明九道菇生物科技有限公司

广东力进仓储设备有限公司

广东力进仓储设备有限公司是一家专注于食用菌菇架研发与仓储物流设备生产于一体的综合性企业，专业为客户提供食用菌菇架、新型现代农业货架、仓储物流系统规划设计与咨询、仓储物流设备定制、物流配送中心系统集成、仓储设备系统维护与保养，为各类企业提供专业的设备服务。公司位于"中国模具制造名镇"东莞市横沥镇。是业内首批通过ISO9001质量管理体系认证的生产厂家之一。

力进具备雄厚的技术力量与产品开发能力，拥有技术人员100多名，项目实施工程师28人，专业售后服务团队12人，公司引进多条自动化生产线，可满足客户不同的仓储物流规划设计需求。力进自成立以来，坚持"诚信、协作、分享、共赢、发展"的经营理念，为客户提供最专业的方案与设计，保障客户现场的安装管理及设备使用的快速响应，帮助客户产业升级改造，提升存储空间利用率，降低客户运营成本，提升管理运行效率。产品及服务被广泛应用于食用菌工厂化种植、电商仓储、服装服饰、电子电器、电力照明、交通物流、通信信息、日化食品、石油化工、家具、医药、烟草、酒店等行业。

🖐 专业生产食用菌培养架、生育架、出菇架、灭菌台车、灭菌托盘
🖐 专业生产仓储货架：中型货架、重型货架、阁楼货架、钢结构平台、驶入式货架
🖐 其他仓储物流周边设备

固定架

网架培养架

网架培养架

移动架

C管固定架

力学不倦　进德修业

冠菌®

创新 / 更多一点

深圳市倍德科技有限公司

企业简介
COMPANY PROFILE

　　深圳市倍德科技有限公司是一家致力于专业化、国际化、商品级的LED产品制造商，公司集研发、生产、销售、应用、服务为一体，结合长沙倍德数十年食用菌生长环境经验，打造中国最专业的食用菌LED照明生产商。

　　倍德LED菌类照明产品，采用适合金针菇、杏鲍菇、海鲜菇、蟹味菇、白玉菇、灰树花、虫草花等菌类生产的特定光谱，光源照度均匀，独特的防水、防潮、防尘、防火、防爆、防阻燃结构设计，根据其不同生长阶段的光照需求，使菌类生长更均匀、紧凑，颜色更饱满艳丽。

　　公司产品保质期3~5年，节能、省心、省力，是真正实现工厂化、标准化、自动化的食用菌企业及植物栽培的首选。

BETTER TECHNOLOGY 2020
食用菌LED照明专家

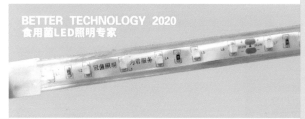

Shenzhen Better Technology Co., Ltd. is a Led manufacturer committed to the specialization, internationalization, commodity level LED products.The company integrates research and development, production, sales, application and service together with decades of experience in the growing environment of edible fungi in Changsha Better Company, to create the most professional LED lighting manufacturer of edible fungi in China.

Better Led fungi lighting products, suitable for needle mushroom, pleurotus eryngii mushroom, seafood mushroom,crab flavor mushroom, white mushroom, maitake, Chinese caterpillar fungus flowers such as mold production specific spectrum, and uniform light intensity of illumination, the unique waterproof, moistureproof, dustproof, fire, explosion, the flame retardant structure design, according to its different growth stages of illumination requirements, using fungi grow more even, compact, fuller bright colors.

The quality of the company's products is guaranteed for three to five years, saving energy,no worrying and saving labour. It is the first choice for the true mushroom enterprises and plant cultivation to realize factorization, standardization and automation.

愿景与使命 行动·携手共赢

卓越　互信　品质　共赢

总经理：袁洪水
电　话：13823670821　　0755-27649922

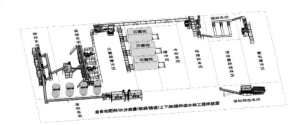

大连富森液体菌成套设备

专业生产液体菌种培养料、摇瓶料、试管料，适用于黑木耳、金针菇、杏鲍菇、鹿茸菇、白玉菇、海鲜菇、蟹味菇、平菇、袖珍菇、香菇等多种食用菌品种，另外还有桑黄、红托竹荪、绣球菌液体菌种专用培养料

设备先进

接种车间

液体菌种发酵罐

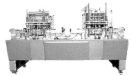

全自动窝口插棒一体机

全自动黑木耳接菌机

产品齐全

摇瓶

菌种

多种食用菌

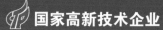

上海荣美农业科技有限公司
Shanghai Rongmei Agricultural Technology Co., LTD

　　上海荣美农业科技有限公司坐落在上海金山区现代农业产业园区，占地面积143亩，是一家集食用菌生产、销售、研发、技术推广于一体的高新技术企业；主要产品有瓶栽鹿茸菇、杏鲍菇、海鲜菇等产品，日产60吨，产值超1亿元；公司遵循"源头把控、追溯可查"的品控方针，强化全员意识品质，严格把控产品质量。装备采用了全新制程的高效自动化生产作业系统和环境控制系统，并在种源自主可控、栽培快速响应、资源梯级利用、光伏屋顶发电以及工厂数字化应用等关键技术应用方面处于行业领先地位。

　　公司还与上海市农业科学院、上海工程技术大学等院校密切合作，共建"金山食用菌产业研究院"，组织开展产业重点关键技术的联合攻关，并在此基础上陆续展开总部经济、科创中心、科普教育、菌种繁育等平台项目建设。

　　公司以"菌菇成就美好生活"为企业的核心文化，向上求索，追求创新，积极培养年轻后备力量，致力于打造食用菌行业精致企业。

021-57966777

上海市金山区廊下镇漕廊公路8788号